全国高职高专工程测量技术专业系列教材

U0393827

测量学基础

第3版

主　编　王金玲

副主编　吕翠华　王玉才

主　审　张养安

中国电力出版社

CHINA ELECTRIC POWER PRESS

内 容 提 要

本书为全国高职高专工程测量技术专业系列教材，共分 12 个项目，内容包括测理学概述、测量学的基本知识、水准测量、角度测量、距离测量、测量误差的基本知识、直线方位测量、平面控制测量、高程控制测量、地形图的基本知识、大比例尺地形图的测绘以及地形图的应用。本书秉承"互联网＋教育"理念，通过扫描书中的二维码，即可浏览课件和对本项目相关知识技能点进行在线测试。同时增加了配套的教辅资源"实训指导与记录手册"，供学生实训使用。

本书可作为测量学相关专业的专业基础课教材，也可作为建筑、土木、交通、水利、农林等专业的高职高专教材，也可供相关工程技术人员参考。

图书在版编目（CIP）数据

测量学基础/王金玲主编 . —3 版 . —北京：中国电力出版社，2022.5（2023.8 重印）
全国高职高专工程测量技术专业系列教材
ISBN 978 - 7 - 5198 - 6787 - 4

Ⅰ．①测…　Ⅱ．①王…　Ⅲ．①测量学－高等职业教育－教材　Ⅳ．①P2

中国版本图书馆 CIP 数据核字（2022）第 083036 号

出版发行：中国电力出版社
地　　址：北京市东城区北京站西街 19 号（邮政编码 100005）
网　　址：http://www.cepp.sgcc.com.cn
责任编辑：王晓蕾（010 - 63412610）
责任校对：王小鹏
装帧设计：张俊霞
责任印制：杨晓东

印　　刷：北京雁林吉兆印刷有限公司
版　　次：2007 年 8 月第一版　2011 年 8 月第二版　2022 年 5 月第三版
印　　次：2023 年 8 月北京第二十八次印刷
开　　本：787 毫米×1092 毫米　16 开本
印　　张：14.5
字　　数：356 千字
定　　价：42.00 元

前　言

本书是全国高职高专工程测量技术专业系列教材《测量学基础》的第 3 版，该教材自 2007 年出版以来在全国 50 余所高职院校测绘地理信息类相关专业使用，重印多次，累计发行 5 万余册，受到广大师生一致好评。

为了进一步贯彻落实《国家职业教育改革实施方案》提出的"三教改革"任务要求，切实提高教育教材建设水平，不断推进信息技术与教育、教学的深度融合，顺应"互联网＋"发展趋势，进一步体现职业岗位标准，突出产教融合，锤炼精品教材，编写组教师对企业和毕业生进行了广泛深入的调研，邀请工程单位技术专家和一线技术人员召开研讨会，研讨制订教材修订方案和修订编写工作。

本教材在第二版基础上重点进行了以下修改：

1. 突出立德树人。将课程思政与专业知识有机融合，潜移默化渗透到知识技能要素中，在每个项目前明确提出了"思政目标"。

2. 明确学习目标。在每个项目中增加了项目"主要内容"和"学习目标"。

3. 进行梳理总结。在每个项目后增加了"项目小结"。

4. 完善学习资源。增加了教辅资源"实训指导与记录手册"。

5. 增加工程案例。在项目中增加新的工程案例。

6. 体现弃旧扬新。删掉陈旧过时的技术手段和方法，增加现代数字技术和测量方法。

7. 基于"互联网＋教育"理念，开发了在线测试系统，通过扫描书中的二维码，即可对本项目相关知识技能点进行在线测试和"PPT 课件"学习。

本教材由湖北水利水电职业技术学院王金玲主编，昆明冶金高等专科学校吕翠华和湖北水利水电职业技术学院王玉才副主编，杨凌职业技术学院张养安教授主审。编写人员具体分工如下：湖北水利水电职业技术学院王金玲编写项目 1、项目 5、项目 11 及"实训指导与记录手册"，昆明冶金高等专科学校吕翠华编写项目 2 和项目 6，湖北水利水电职业技术学院王玉才编写项目 3 和项目 9，长江水利委员会长江科学院董静编写项目 4 和项目 7 以及线上数字资源制作，湖北城市建设职业技术学院王玉香编写项目 8 和项目 10，济宁市自然资源和规划局牛传业编写项目 12。本书在编写过程中得到了长江水利委员会长江科学院、济宁市自然资源和规划局、长江勘测规划设计研究院、广州南方测绘科技股份有限公司等单位的领导、测绘专家及同行的大力支持，在此一并致谢！

本教材探索实施数字教学资源和传统教材的有机融合，还有待进一步完善，加之编者水平有限，书中难免有不足之处，恳请各兄弟院校同行批评指正。

扫下方二维码可查看全书数字资源。

编者
2022 年 4 月

第 1 版前言

本书是全国高职高专工程测量技术专业统编系列教材，全国各地十余所相关院校参编该系列教材。本书是根据 2006 年 9 月武汉"全国高职高专工程测量技术专业系列教材编审会议"的安排和要求，在各院校教师讨论交流的基础上，制订编写大纲后，进行编写的。

测量学基础是工程测量技术及其相关专业的专业基础课，该课程在各学校都是作为测量学的入门课程开设的。因此，在编写大纲中充分考虑了这一因素，首先使学生建立起测量学的整体概念，由浅入深，由测量学的基本知识、测量常规仪器的使用到控制测量、地形测量的理论和方法，最后以地形图的应用结束，为后续课程的学习奠定了基础。同时，考虑到高职高专的教学特点，在内容安排上力求理论与实践相结合，理论教学以"必须、够用"为度，注重测绘基本技能的训练。

作为系列教材，在内容安排上也注意了与相关课程（如测量平差、数字化测图等）的内容不重复。

本书由王金玲主编，杨晓平、周无极、张庆宽、刘飞、黎晶晶任副主编。参加编写的人员有：张庆宽（第 8 章），李香玲（第 12 章），王金玲（第 2 章、第 3 章），周无极（第 7 章），黎晶晶（第 10 章、第 11 章），李强（第 5 章），杨晓平（第 1 章、第 4 章），刘飞（第 9 章），孙荣鸿（第 5 章），蔡金（第 6 章）。全书由王金玲统稿。

本书由武汉大学龚玉珍教授主审，特此致谢。

由于编者业务水平有限以及时间仓促，书中缺点和错误在所难免，恳请各兄弟院校的同行及广大读者批评指正，以便修改和完善。

编 者

第 2 版前言

本书是全国高职高专工程测量技术专业统编系列教材《测量学基础》第二次修订版。2007 年，中国电力出版社组织全国 17 所高职院校编写了该套系列教材，出版 10 余年来，《测量学基础》教材已重印多次，在全国三十余所院校使用，广大师生及读者对本书给予了高度的肯定并提出了宝贵的意见。

近年来，我国高等职业教育和测绘技术发展迅速，为了更好地适应新形势下高职高专教育需求，编写组多次深入行业企业进行广泛调研，参阅同行专家、教授和企业技术人员的有关意见，认真总结多年的教学实践，针对高职高专教育的特点，贯彻"必须、够用、实用"的原则，反复研讨，对《测量学基础》进行了细致的修订。

修订的主要内容包括以下几个方面：

1. 考虑到系列教材的整体性，为了在内容安排上不与其他课程重复，删减去 6.4 "平差值的计算及精度评定"的内容。

2. 将 2.5 地形图的认识的内容移到第 10 章，并对该节内容进行充实。

3. 将第 10、11 两章内容优化重组，形成新的第 10 章 "地形图的基本知识"和第 11 章 "大比例尺地形图的测绘"。

修订后的教材突出先进性、通用性、实用性和技能性等特点，满足"工学结合"的人才培养模式要求，使"教、学、做"一体化。

本书由湖北水利水电职业技术学院王金玲任主编，昆明冶金高等专科学校吕翠华任副主编，具体编写人员分工如下：昆明冶金高等专科学校吕翠华编写第 2、4、9 章，湖北城市建设职业技术学院王玉香编写第 3、7 章；山西水利职业技术学院杜玉柱编写第 6、10 章；湖北水利水电职业技术学院王金玲编写第 1、5、8 章；广州南方测绘科技股份有限公司刘明春编写第 11、12 章，全书由王金玲统稿并负责电子课件等信息化教辅资源的制作。

本书由湖北水利水电职业技术学院黄泽钧教授主审，本书在编写过程中得到了武汉勘测设计研究院、长江勘测规划设计研究院、广州南方测绘科技股份有限公司等单位领导和测绘专家、同行的大力支持并给予了宝贵的意见，在此一并致谢！

尽管我们做了大量认真细致的修订工作，但书中仍会存在一些疏漏甚至错误之处，恳请各兄弟院校的同行及广大读者不吝指正。联系邮箱为：49907822@qq.com，我们将及时回复，并认真思考您的建议后反映在再版教材中。

目　　录

项目 1　测 量 学 概 述

【主要内容】

测量学的概念；测量学的研究对象和任务、学科分类、测绘学科的发展概况；测绘工作在社会发展中的作用；学习测量学基础的目的和要求等。

重点：测量学的研究对象、学习测量学基础的目的。

难点：测量学的任务。

课件浏览　测量学概述

【学习目标】

知识目标	能力目标
（1）理解测量学的概念及研究对象； （2）了解测量学的学科分支； （3）掌握地物、地貌概念； （4）掌握测设和测定概念； （5）了解测绘工作在社会发展中的作用； （6）了解测绘学科的发展历史； （7）了解学习测量学基础的目的	（1）能建立起测量学学科的基本概念； （2）能区分测定和测设； （3）能判断地物和地貌

【思政目标】

通过学习测绘工作在社会发展中的作用，让学生切身体会到测量工作的魅力，培养学生热爱专业、立志学好专业、服务社会、报效国家的专业精神，激发学生的专业自豪感。

1.1　测量学的基本内容和任务

1.1.1　测量学的研究对象和任务

测量学是研究地球的形状和大小，以及确定地球表面点位关系的一门学科。其研究的对象主要是地球和地球表面上的各种物体，包括它们的几何形状及空间位置关系。为了对地球及其地表进行研究，在测量学中，将地表构成分为地物和地貌两部分。

测量学的主要任务是测定和测设。测定又称地形测绘，是指使用测量仪器和工具，用一定的测绘程序和方法对地表或其上局部地区的地形进行量测，计算出地物和地貌的位置（通常用三维坐标表示），按一定比例尺、规定的符号将其缩小并绘制成地形图，供科学研究和工程建设规划设计使用。而测设则刚好相反，它是使用测量仪器和工具，按照设计要求，采用一定的方法，将在地形图上设计出的建筑物和构筑物的位置在实地标定出来，作为施工的依据。

1.1.2　测量学的学科分类

测量学按照研究范围、研究对象及其采用的技术手段的不同，分为以下几个分支学科。

1. 大地测量学

大地测量学是研究和确定地球的形状、大小、重力场、整体与局部运动和地表面点的几何位置以及它们的变化的理论和技术的学科。它是测量学各分支学科的理论基础，其基本任务是建立地面控制网和重力网，精确测定控制点的空间三维坐标，为确定地球的形状和大小、为地形测图和各种工程测量提供基础数据；为空间科学、军事科学及研究地壳变形、地震等提供重要资料。按照测量手段的不同，大地测量学又分为常规大地测量学、空间大地测量学及物理大地测量学等。

2. 地形测量学

地形测量学又称为普通测量学或测量学，是研究如何将地球表面局部区域内的地物、地貌及其他有关信息测绘成地形图的理论、方法和技术的学科。按成图方式的不同，地形测图可分为模拟化测图和数字化测图。

3. 工程测量学

工程测量学是研究在工程建设、工业和城市建设以及资源开发中，在规划、勘测设计、施工建设和运营管理各个阶段所进行的控制测量、地形和有关信息的采集和处理（即大比例尺地形图测绘）、地籍测绘、施工放样、设备安装、变形监测及分析和预报等的理论、技术和方法，以及研究对测量和工程建设有关的信息进行管理和使用的学科。它是测绘学在国民经济和国防建设中的直接应用。

工程测量学是一门应用学科，按其研究对象可分为建筑工程测量、铁路工程测量、公路工程测量、桥梁工程测量、隧道工程测量、水利工程测量、地下工程测量、管线（输电线、输油管）工程测量、矿山测量、军事工程测量、城市建设测量以及三维工业测量、精密工程测量、工程摄影测量等。

一般的工程建设分为规划设计、施工建设和运营管理三个阶段。工程测量学研究这三阶段所进行的各种测量工作。

4. 摄影测量与遥感

摄影测量与遥感技术是研究利用电磁波传感器获取目标物的影像数据，从中提取语义和非语义信息，并用图形、图像和数字形式表达的学科。其基本任务是通过对摄影像片或遥感图像进行处理、量测、解译，测定物体的形状、大小和位置并制作成图。根据获得影像的方式及遥感距离的不同，本学科又分为地面摄影测量学、航空摄影测量学和航天遥感测量学等。

5. 地图制图学

地图学是研究数字地图的基础理论、设计、编绘、复制的技术、方法以及应用的学科。它的基本任务是利用各种测量成果编制各类地图，其内容一般包括地图投影、地图编制、地图整饰和地图制印等分支。

地图是测绘工作的重要产品形式。该学科的发展促使地图产品从传统的模拟地图向数字地图转变，从二维静态向三维立体、四维动态（增加了时间维度）转变。计算机制图技术和地图数据库的发展，促使地理信息系统（GIS）产生。数字地图的发展及宽广的应用领域为地图学的发展和地图的应用展现出无限的前景，使数字地图成为 21 世纪测绘工作的基础和支柱。

6. 海洋测量学

海洋测量学是研究海洋定位、海底和海面地形、海洋重力、磁力、环境等信息，以及编制各种海图的理论和技术的学科。

7. 测量仪器学

测量仪器学是研究测量仪器的制造、改进和创新的学科。

20世纪80年代，随着全站仪以及计算机软、硬件技术的迅速发展，大比例尺地形图测绘技术已由传统的白纸测图向自动化的数字测图方向发展。现在，地面数字测图已取代了传统的白纸测图技术，使测量学的内容得到了发展和更新。

1.2　测绘工作在社会发展中的作用

测绘科学技术的应用范围极其广阔，在国民经济建设、国防建设以及科学研究领域，都占有重要地位，对国家可持续发展发挥着愈来愈重要的作用。

1.2.1　测绘工作在工程建设中的作用

测绘工作常被人们称为工程建设的尖兵，不论是国民经济建设还是国防建设，其工程建设的勘测、设计、施工、竣工及运营等阶段都需要测绘工作，而且都要求测绘工作"先行"。勘测设计阶段，为建筑设计测绘地形图；施工阶段，把设计的各种建筑物正确地测设到地面上；竣工测量阶段，对建筑物进行竣工测量；运营阶段，为改建、扩建而进行的各种测量；变形监测阶段，为安全运营，防止灾害进行变形测量。

现代的测量学作为一门能采集和表示各种地物和地貌的形状、大小、位置等几何信息，以及能把设计的建筑物、设备等按设计的形状、大小和位置准确地在实地标定出来的技术，在各种工程建设中的应用越来越广泛。

对城市规划、给水排水、煤气管道、工业厂房和高层建筑建设而言，其整个实施阶段都必须以测量工作作为先行兵。同样，对铁路、公路、桥梁、隧道工程的建设也是如此。为了确定一条最经济合理的路线，必须预先测绘路线附近的地形图，在地形图上进行路线设计，然后将设计路线的位置标定在地面上以指导施工；当路线跨越河流时，必须建造桥梁，在建桥之前，要测绘河流两岸的地形图，测定河流的水位、流速、流量和河床地形以及桥梁轴线长度等，为桥梁设计提供必要的资料，最后将设计桥台、桥墩的位置用测量的方法在实地标定；当路线穿过山地需要开挖隧道时，开挖之前，必须在地形图上确定隧道的位置，根据测量数据计算隧道的长度和方向；隧道施工通常是从隧道两端相向开挖，这就需要根据测量成果指示开挖方向，保证其正确贯通。

另外，为了保障工程项目的正常施工及使用期间的安全运行，往往需要测量工作者以技术上可行的最高精度来监测工程对象的变形量和变形速度的发展情况。必要时，还要求在一段时间内进行连续监测。在某些特殊情况下，还要使用自动化的监测和记录的仪器。

总之，在国民经济建设的方方面面，测绘信息都是国民经济和社会发展规划中最为重要的基础信息之一。测绘工作为国土资源开发利用，工程设计和施工，城市建设、工业、农业、交通、水利、林业、通信、地矿、土地管理及房产开发等部门的规划和管理提供地形图和测绘资料。土地利用和土壤改良、地籍管理、环境保护、旅游开发等都需要测绘工作，都要应用测绘工作成果。目前，国家各城市都在着手或已建成城市地理信息系统，这便是最好的佐证。

1.2.2　测绘工作在国防建设中的作用

在国防建设方面，测绘工作为赢得现代化战争的胜利提供测绘保障，各种国防工程的规划、设计和施工都需要测绘工作。战略部署、战役指挥离不开地形图，"天时，地利，人和"是打胜仗的三大要素，要有地利就要了解和利用地利。地图上详细表示着山脉、河流、道路、居民点等地形要素，具有确定位置、辨识方向的作用，这对于行军、布防以及了解敌情等军事活动都是十分重要的。所以，地图一直在军事活动中起着重要的作用，早就是军事上不可缺少的工具，获得了广泛的应用。

在现代战争中，现代测绘科学技术对保障远程导弹、人造卫星或航天器的发射及精确入轨起着非常重要的作用，现代军事科学技术与现代测绘科学技术已经紧密结合在一起。

在线测试

除了上述两方面之外，在科学研究方面，诸如航天技术、地壳形变、地震预报、气象预报、滑坡监测、灾害预测和防治、环境保护、资源调查以及其他科学研究中，都要应用测绘科学技术，需要测绘工作的配合。地理信息系统（GIS）、数字城市、数字中国、数字地球的建设，都需要现代测绘科学技术提供基础数据信息。测绘科学技术对社会的发展具有重要的作用。

1.3　测绘科学的发展概况

测量学是一门历史悠久的学科，是从人类生产实践中逐渐发展起来的。它的发展与人类的生产、生活息息相关。人类为了认识地球的形状和大小，为了建造一些必需的起居设施，必须对地表进行改造，修建房屋和基本的水利工程，这一切都需要对地表进行基本的测量工作。

人类所进行的测量活动从远古时代就开始了，这一点可以从历史长河的痕迹中得到印证。公元前 27 世纪建设的埃及大金字塔，其形状与方向都很准确，这说明当时已有放样的工具和方法。而在我国 2000 多年前的夏商时代，为了治水也开始了水利工程测量工作。在《史记》中，记录了当时的工程勘测情景，并提到当时所用的测量工具——准绳和规矩，"准"是整平的水准器，"绳"是丈量距离的工具，"规"是画圆的器具，"矩"则是一种可定平可测长度、高度、深度和画矩形的通用测量仪器。这些工具，从现在的角度来看，虽然很简陋，谈不上有多高的测量精度，但足以满足当时的生产、生活的需要。早期的水利工程多为河道的疏导，以利防洪和灌溉，其主要的测量工作是确定水位和堤坝的高度。就其建筑工程来说，也相当简单，只需要定出形状，确定大致方向即可，因而，其测量水平不是很高。

测量学的发展在很长的一段时间内是非常缓慢的。直到 20 世纪初，由于西方的第一、二次技术革命和工程建设规模的不断扩大，测量学才受到人们的重视，并迅速地发展起来。

在人类认识地球形状和大小的过程中，在生产、生活和工程建设中，测量学获得了飞速的发展。例如，三角测量和天文测量的理论和技术、高精度经纬仪制作的技术、距离丈量的技术及相关理论、测量数据处理的理论以及误差理论等，均得以形成并应用于工程实践。

以核子、电子和空间技术为标志的第三次技术革命，使测量学获得了迅速的发展。20世纪 50 年代，世界各国在建设大型水工建筑物、长隧道、城市地铁中，对测绘科学提出了一系列要求；20 世纪 60 年代，空间技术的发展和导弹发射场的建设促使测绘科学进一步发展；20 世纪 70 年代以来，高能物理、天体物理、人造卫星、宇宙飞行、远程武器发射等，都需要建设各种巨型实验室，从测量精度和仪器自动化方面都对测量技术提出了更高的要求。20 世纪末，人类科学技术不断向着宏观宇宙和微观粒子世界延伸，测量对象不再局限于地面，而是深入地下、水域、空间和宇宙，如核电站、摩天大楼、海底隧道、跨海大桥、大型正负电子对撞机等。由于测量仪器的进步和测量精度的提高，测绘科学的领域日益扩大，除了传统的测量工作外，在地震监测、海底探测、巨型机器、车床、设备的荷载试验、高大建筑物（电视发射塔、冷却塔）变形监测、文物保护，甚至在医学上和罪证调查中，都应用了最新的测绘科学技术和方法。

从测量学的发展历史可以看出，它经历了从简单到复杂、从手工操作到自动化、从常规测量到精密测量的发展道路，它的发展始终与当时的生产力水平同步，并且能够满足大型特种精密工程中对测量所提出的越来越高的需求。

近十几年来，随着空间科学和信息科学的飞速发展，全球定位系统（GPS）、遥感（RS）、地理信息系统（GIS）技术已成为当前测绘工作的核心技术。计算机和网络通信技术的普遍应用，使测绘领域早已从陆地扩展到海洋、空间，由地球表面延伸到地球内部；测绘技术体系从模拟转向数字、从地面转向空间、从静态转向动态，并进一步向网络化和智能化方向发展；测绘成果已从三维发展到四维、从静态发展到动态。随着新的理论、方法、仪器和技术手段不断出现，测绘科学一定会有更为广阔的发展前景。

在线测试

1.4 学习测量学基础的目的和要求

本书是全国高职高专工程测量技术专业系列规划教材，是该专业重要的专业基础课。全书以大比例尺地形图测绘为主线，在阐述测量的基本理论、测量方法的基础上，对大比例尺地形图测绘的原理、方法及应用做了全面的介绍。内容包括测量的基本知识、测量误差的基本知识、水准测量和水准仪、角度测量和经纬仪、距离测量和全站仪、控制测量、碎部测量、大比例尺地形图测绘、地形图的分幅和地形图的应用等。

学习本课程的主要目的如下：

掌握测量的基本知识和基本理论，具有操作常规测量仪器的技能。学习大比例尺地形图测绘的原理、方法。熟悉测量误差的基础知识，懂得精度的概念并能进行简单的精度评定，掌握基本测量数据处理的理论和方法，并能够在工程实践活动中正确使用地形图和测绘资料。为学习后期的测量专业课程打下扎实的基础。

测量学基础是一门实践性极强的课程，除理论知识学习外，还必须辅以大量的实验和教学实习。在掌握讲授内容的同时，要认真参加实验学习，以巩固和验证所学的理论知识。教学实习是巩固和深化课堂所学知识的一个系统的实践环节，是知识与技能的综合应用，对学生掌握测量的基本理论、基础知识、基本技能，建立起控制测量和地形图测绘的完整概念是非常必要的。学生在学习中，务必自始至终认真完成各项实验及实习任务，以培养分析问题、解决问题和实际动手的能力，达到高职高专层次教学的根本目的。

通过整个教学，要求学生达到"一知四会"的基本要求。

（1）知原理：对普通测量学的基本理论、基本知识要切实知晓并清楚。

（2）会用仪器：熟悉钢尺、水准仪、经纬仪、全站仪等仪器的使用方法，能熟练地操作

在线测试

这些仪器。

（3）会测量方法：掌握水准测量、角度测量、距离测量、全站仪测量以及控制测量等测量操作方法。

（4）会地形图测绘：掌握大比例尺地形图测绘的理论和方法。

（5）会识图用图：掌握地形图的识读方法和地形图的应用方法。

项 目 小 结

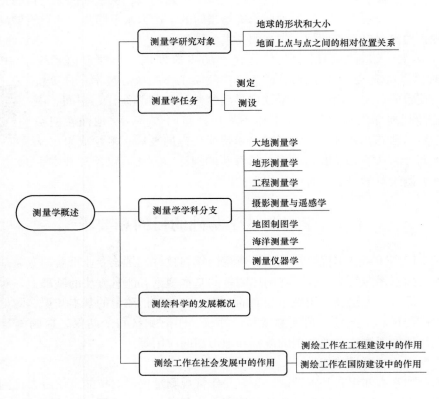

习 题

1. 测量学研究的对象和任务是什么？
2. 简述测量学有哪些分支学科，各自的研究方向是什么？
3. 简述测绘工作在国民经济建设中的作用。
4. 学习本课程的主要目的是什么？要达到此目的一般有何基本要求？

项目 2 测量学的基本知识

【主要内容】

测量工作的基准面和基准线；地球的形状和大小；用水平面代替水准面的限度；地面点位的确定方法，包括地面点的坐标和高程的表示方法；测量的基本工作和测量工作的基本原则。

重点：测量工作的基准面和基准线，地面点位的确定方法。

难点：高斯平面直角坐标系。

【学习目标】

知识目标	能力目标
(1) 理解铅垂线是测量外业工作的基准线； (2) 理解大地水准面是测量外业工作的基准面； (3) 掌握地面点位的确定方法； (4) 理解经度、纬度的概念； (5) 掌握测量独立平面直角坐标系； (6) 理解高斯投影的概念； (7) 理解高斯平面直角坐标系； (8) 理解绝对高程、相对高程、高差的概念； (9) 理解用水平面代替水准面的限度； (10) 掌握测量三项基本工作内容； (11) 理解测量工作的基本原则	(1) 能根据经度、纬度确定地面点的大地坐标； (2) 能建立独立平面直角坐标系； (3) 能计算各投影带中央子午线的经度； (4) 能根据点的经度确定带号； (5) 能确定地面点的高程； (6) 能根据两点的高差判断点位高低

【思政目标】

通过珠穆朗玛峰高程测量过程的讲授以及国家高程系统和大地坐标系的建立等知识学习，培养学生不畏艰险、勇往直前、顽强拼搏、无私奉献的精神，激发学生探索未知、追求真理、勇攀科学高峰的学习态度，提升学生保密意识和科技报国的家国情怀与使命担当。

2.1 测量工作的基准面和基准线

测量工作研究的主要对象是地球自然表面，地球表面是一个极其复杂且又不规则的曲面，难以用数学语言描述，因此需要寻找一个形状和大小都与地球非常接近的球体或椭球体来代替它。

课件浏览 测量工作的基准面和基准线

2.1.1 地球的形状和大小

测量工作是在地球表面上进行的，因此必须知道地表的形状和大小。地球的自然表面有高山、丘陵、平原、盆地及海洋等，呈复杂的起伏形态，通过长期的测绘工作和科学调查，人们了解到地球表面上海洋面积约占71%，陆地面积约占29%。世界上最高的山峰珠穆朗玛峰高达8848.86m。世界上最深的马里亚纳海沟深达11 022m。地球的自然表面高低起伏近20km，但这种起伏变化相对于地球半径6371km来说，仍可忽略不计。因此，测量中可以把海水所覆盖的地球形体看作地球的形状。

在线测试

2.1.2　测量外业工作的基准线和基准面

1. 基准线

由于地球的自转运动，地球上任一点都要受到离心力和地球引力的双重作用，这两个力的合力称为重力，重力的方向线称为铅垂线，铅垂线是测量工作的基准线。

2. 基准面

设想一个静止的海水面向陆地延伸通过大陆和岛屿形成一个包围地球的封闭曲面，这个曲面就称为水准面。水准面是受重力影响而形成的，是一个处处与重力方向垂直的连续曲面，并且是一个重力场的等位面。由于潮汐的影响，海水面有高有低，所以水准面有无数个，其中与平均海水面相吻合的水准面，称为大地水准面。如图2-1所示。大地水准面是测量工作的基准面。

3. 大地体

大地水准面所包围的地球形体称为大地体，通常认为大地体可以代表整个地球的形状。

4. 水平面

通过水准面上某一点与水准面相切的平面称为过该点的水平面。

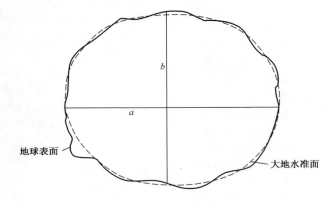

图2-1　大地水准面

2.1.3　测量内业工作的基准线和基准面

1. 参考椭球面

用大地水准面代表地球表面的形状和大小是恰当的，但由于地球内部物质的质量分布不均匀，引起铅垂线的方向产生不规则的变化，致使大地水准面成为一个复杂的曲面，如图2-1所示。如果将地球表面上的图形投影到这个复杂的曲面上，会给测量计算和绘图带来很多困难。为了解决这一问题，选用一个非常接近大地水准面且可用数学式表达的规则的几何形体来代表地球的总形状，作为测量内业工作的基准。经过长期精密测量，发现大地体十分接近于一个两极稍扁的旋转椭球体，称为地球椭球体。一般某一国家或地区为处理本国家或本地区的大地测量成果，会选择一个点作为大地坐标计算的原点，把确定了原点的地球椭球体称为参考椭球体。参考椭球体是由一椭圆绕其短半轴旋转而成的椭球体，如图2-2所示。椭圆的长半轴 a、短半轴 b、扁率 α [$\alpha=(a-b)/a$] 是决定参考椭球体的形状和大小的元素。随着测绘科学的进

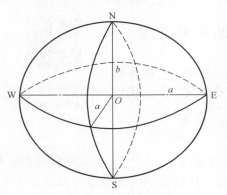

图2-2　参考椭球体

步，可以越来越精确地测定这些元素。目前，我国采用国际大地测量协会 IAG‐75 参数：a = 6 378 140m，α = 1：298.257，推算值 b = 6 356 755.288m。参考椭球体的表面称为参考椭球面，是测量内业处理大地测量成果的基准面。

2. 大地原点

采用参考椭球体定位得到的坐标系称为国家大地坐标系，由于地球椭球体的扁率很小，当测区面积不大时，可将地球近似地当作圆球，圆球的平均半径可按下式计算：

$$R = \frac{1}{3}(2a + b)$$

在测量精度要求不高时，其近似值为 6371km。

我国大地坐标系的原点称为大地原点，又称大地基准点，是国家地理坐标（经纬度）的起算点和基准点，位于陕西省泾阳县永乐镇石际寺村，具体位置在北纬 34°32′27.00″，东经 108°55′25.00″，海拔 417.20m。由主体建筑、中心标志、仪器台和投影台四部分组成。主体为七层塔楼式圆顶建筑，高 25.80m，顶层为观察室，内设仪器台，建筑的顶部是玻璃钢制成的整体半圆形屋顶，可用电控翻开以便观测天体，如图 2‐3（a）所示。中心标志是原点的核心部分，用半球形的玛瑙做成，半球顶部刻有十字线，如图 2‐3（b）所示，埋设于主体建筑的地下室中央。

大地原点确定了我国大地坐标系的起算点和基准点，从原点再推算国家的其他测量点坐标，是国家和城市建立大地坐标系的依据，大地原点在经济建设、国防建设和社会发展等方面发挥着重要作用。

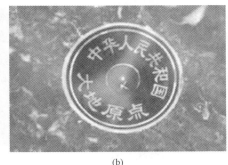

(a)　　　　　　　　　　　　　　(b)

图 2‐3　大地原点
(a) 大地原点外部轮廓；(b) 大地原点中心标志

3. 法线

参考椭球面上的法线是指经过这一点并且与参考椭球面垂直的直线，如图 2‐4 所示，地面上任一点的位置都可以沿法线方向投影到参考椭球面上，法线是测量内业工作的基准线。

2.2　地面点位的确定

测量工作的基本任务是确定地面点的空间位置。它包括确定地面点在球面或平面上的投影位置，即地面点的坐标，以及地面点到大地水准面的铅垂距离（即地面点的高程）。

课件浏览　地面点位的确定

2.2.1 测量坐标系

在测量工作中，通常用下面几种坐标系来确定地面点的坐标。

1. 大地坐标系

大地坐标系又称为地理坐标系，是在大区域内确定地面点的位置，以球面坐标系统来表示，用经度和纬度表示地面点在旋转椭球面上的位置。大地坐标又因采用的基准面、基准线的不同而分为天文地理坐标和大地地理坐标。如图 2-4 所示，NS 为椭球的旋转轴，N 为北极，S 为南极。通过椭球旋转轴的平面称为子午面，子午面与地球表面的交线称为子午线或经线。通过英国格林威治天文台的子午面称为起始子午面，也称首子午面。垂直于地轴并通过球心的平面称为赤道面。赤道面与椭球面的交线称为赤道。垂直于地轴且平行于赤道的平面与地球表面的交线称为纬线或平行圈。

（1）大地地理坐标系。如图 2-4 所示，以地球椭球面为基准面，以通过地面点的地球椭球法线与赤道面的交角确定纬度的球面坐标称为大地地理坐标，简称大地坐标。地面点的大地地理坐标用大地经度 L 和大地纬度 B 来表示。球面上 P 点的大地经度是过 P 点的子午面与起始子午面的夹角 L；P 点的大地纬度是过该点的法线（与椭球面相垂直的线）与赤道面的夹角 B。

大地经度、纬度是根据大地原点的起算数据，再按大地测量得到的数据推算而得到的。我国曾采用 1954 年北京坐标系，并于 1987 年废止，现以陕西省泾阳县永乐镇某点为国家大地原点，由此建立新的统一坐标系，称为1980 年国家大地坐标系。

（2）天文地理坐标系。如图 2-5 所示，以大地水准面为基准面，以通过地面点位的铅垂线与赤道平面的交角确定纬度的球面坐标系称为天文地理坐标，简称天文坐标。地面点的天文地理坐标用天文经度 λ 和天文纬度 φ 来表示。地面上 P 点的天文经度是过 P 点的子午面与起始子午面的夹角 λ；P 点的天文纬度是通过该点的铅垂线与赤道面的夹角 φ。

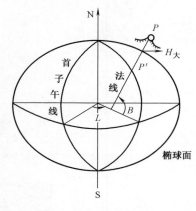

图 2-4　大地地理坐标系

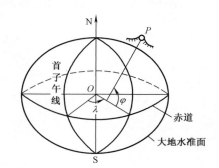

图 2-5　天文地理坐标系

大地坐标和天文坐标，都是自首子午面起，向东 0°～180°称为东经，向西 0°～180°称为西经，从赤道起，向北 0°～90°称为北纬，向南 0°～90°称为南纬。我国地处北半球，各地的纬度都是北纬。

2. 独立平面直角坐标系

当测量区域较小时，可以将该测区内大地水准面当作平面，用平面直角坐标来确定点位，如图2-6所示。测量上采用的平面直角坐标系与数学上的基本相同，但坐标轴互换，象限顺序相反。纵轴为 x 轴，与南北方向一致，向北为正，向南为负；横轴为 y 轴，与东西方向一致，向东为正，向西为负。顺时针方向量度，以便于将数学的三角公式直接应用到测量计算上。原点一般选在测区西南以外，将坐标系的 x 轴选在测区西边，将 y 轴选在测区南边，使测区内部点坐标均为正值，以便计算。

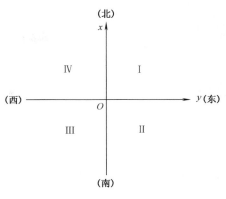

图 2-6　平面直角坐标系

3. 高斯平面直角坐标系

当测区范围较大时，由于存在较大的差异，不能用水平面代替球面。工程设计与计算一般是在平面上进行的，地形图也是平面图形，因此，应将地面点投影到椭球面上，再按一定的条件投影到平面上，形成统一的平面直角坐标系。

（1）高斯投影的概念。我国现采用的是高斯—克吕格投影方法。它是由德国测量学家高斯于1825～1830年首先提出来的，1912年由德国测量学家克吕格推导出实用的坐标投影公式。

如图2-7所示，将地球视为一个圆球，设想用一个横圆柱体套在地球外面，并使横圆柱的轴心通过地球的中心，让圆柱面与圆球面上的某一子午线（该子午线称为中央子午线）相切，然后按照一定的数学法则，将中央子午线东西两侧球面上的图形投影到圆柱面上，再将圆柱面沿其母线剪开，展成平面，这个平面称为高斯投影面，如图2-8所示。

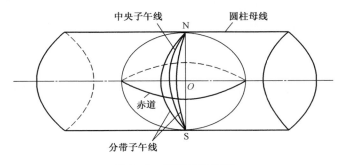

图 2-7　高斯投影原理

高斯投影有以下特点：

1）中央子午线投影后为直线且长度不变，其余经线为凹向中央子午线的对称曲线。

2）赤道投影后为与中央子午线投影正交的直线，其余纬线的投影是凸向赤道的对称曲线。

（2）投影带的划分。高斯投影中，除中央子午线外，其他各点都发生了长度变形，离开中央子午线越远，其长度投影变形就越大。为了控制长度变形，将地球椭球面按一定的经度差分成若干个范围不大的瓜瓣形地带，称为投影带。一般以经差 $6°$（或 $3°$）来划分投影带，简称为 $6°$ 带（或 $3°$ 带）。

如图 2-9 所示，6°带是从 0°子午线起每隔经差 6°，自西向东将整个地球分成 60 个投影带，用 1～60 依次编号。

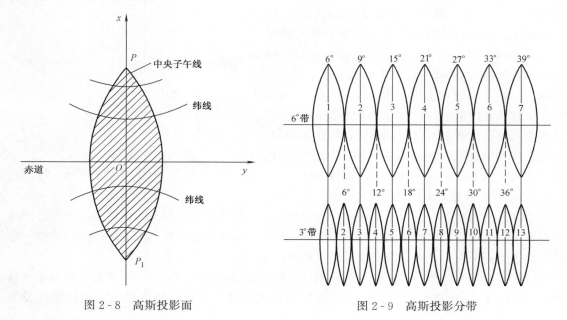

图 2-8　高斯投影面　　　　　　　图 2-9　高斯投影分带

6°带中任意带的中央子午线经度 L 为

$$L = 6N - 3 \qquad\qquad (2-1)$$

式中　N——6°投影带的带号。

3°带是在 6°带的基础上分成的，它是从东经 1.5°子午线起，每隔经差 3°自西向东将整个地球分成 120 个投影带，用 1～120 依次编号。

3°带中任意带的中央子午线经度 L' 为

$$L' = 3n \qquad\qquad (2-2)$$

式中　n——3°投影带的带号。

如已知某点的经度，则该点所在 6°带的带号以及 3°带的带号分别为：

$$N = \mathrm{int}\,\frac{L}{6°} + 1 \qquad\qquad (2-3)$$

$$n = \mathrm{int}\,\frac{L' - 1.5°}{3°} + 1 \qquad\qquad (2-4)$$

式中　int——取整。

我国的经度范围是西起 73°，东至 135°，可分为 6°带，第 13～23 带，共 11 带；3°带，第 24～45 带，共 22 带。

为满足大比例尺测图的需要，也可划分任意带。

【案例 2-1】　武汉某点的经度为 114°26′，该点位于 6°带第几带？该带中央子午线的经度是多少？

解：根据式（2-3），该点在 6°带的带号为：

$$N = \mathrm{int}\,\frac{L}{6°} + 1 = \mathrm{int}\,\frac{114°26'}{6°} + 1 = 20$$

根据式（2-1），该带中央子午线的经度为：
$$L=6N-3=6×20-3=117°$$

【案例 2-2】　武汉某点的经度为 $114°26'$，该点位于 3°带第几带？该带中央子午线的经度是多少？

解：根据式（2-4），该点在 3°带的带号为：
$$n=\mathrm{int}\ \frac{L-1.5°}{3°}+1=\mathrm{int}\ \frac{114°26'-1.5°}{3°}+1=38$$

根据式（2-2），该带中央子午线的经度为：
$$L'=3n=3×38=114°$$

（3）高斯平面直角坐标系。以分带投影后的中央子午线和赤道的交点 O 为坐标原点，以中央子午线的投影为纵轴 x，向北为正，向南为负；赤道的投影为横轴 y，赤道以东为正，以西为负，建立统一的平面直角坐标系，如图 2-10（a）所示。

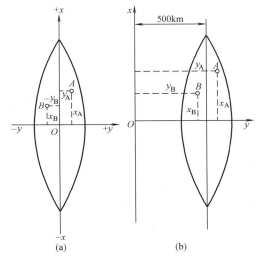

我国位于北半球，纵坐标均为正，横坐标有正有负。为了方便计算，避免横坐标出现负值，规定将坐标原点西移 500km，如图 2-10（b）所示，这样，投影带内的横坐标值均增加了 500km。

因为不同投影带内的点可能会有相同的坐标值，为了标明其所在的投影带，规定在横坐标前冠以带号。通常将未加 500km 和带号的横坐标值叫作自然值；将加上 500km 并冠以带号的叫作通用值。

【案例 2-3】　武汉某地的 A、B 两点位于第 20 带，其自然坐标值 $y'_A=175\ 236.4$m，$y'_B=-286\ 245.7$m，则其通用坐标值 y 坐标各为多少？

图 2-10　高斯平面直角坐标

解：$175\ 236.4+500\ 000=675\ 236.4$m，前面加上带号 20，则通用值 $y_A=20\ 675\ 236.4$m。

$-286\ 245.7+500\ 000=213\ 754.3$m，前面加上带号 20，则通用值 $y_B=20\ 213\ 754.3$m。

4. 我国的大地坐标系

中华人民共和国成立以来，先后使用了三个大地坐标系，即 1954 北京大地坐标系、1980 西安大地坐标系、2000 国家大地坐标系，见表 2-1。

表 2-1　　　　　　　　　　　　　我国的大地坐标系

序号	名称	依据	大地原点	说明
1	1954 北京大地坐标系	采用原苏联克拉索夫斯基椭球元素值	位于原苏联普尔科沃	我国自 2008 年 7 月 1 日起启用 2000 国家大地坐标系
2	1980 国家大地坐标系（1980 西安大地坐标系）	采用 1975 年国家第三推荐值作为参考椭球	位于陕西省泾阳县永乐镇	
3	2000 国家大地坐标系	地心坐标系	坐标原点在地球质心	

2.2.2 地面点的高程

1. 绝对高程

地面上某点到大地水准面的铅垂距离，称为该点的绝对高程，又称海拔，用 H 表示。如图 2-11 所示，A、B 两点的绝对高程为 H_A、H_B。

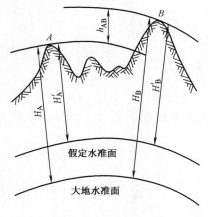

图 2-11 高程和高差

2. 相对高程

地面上某点到任意水准面的铅垂距离，称为该点的假定高程或相对高程。如图 2-11 所示，A、B 两点的相对高程分别为 H'_A、H'_B。

3. 高差

两点的高程之差称为高差，用 h 表示。图 2-11 中 A、B 两点的高差为

$$h_{AB} = H_B - H_A = H'_B - H'_A \qquad (2-5)$$

4. 我国的高程系统

中华人民共和国成立以来，我国相应先后使用了两个高程系统，即 1956 年黄海高程系和 1985 国家高程基准，见表 2-2。

表 2-2　　　　　　　　　　　　　　　我国的高程系统

序号	名称	依据	水准原点高程/m	说明
1	1956 年黄海高程系	中华人民共和国成立后，采用青岛验潮站 1950—1956 年间观测结果求得的黄海平均海水面，作为全国统一的高程基准面	72.289	1985 国家高程基准于 1987 年 5 月启用，1956 年黄海高程系同时废止
2	1985 国家高程基准	1985 年，国家测绘局根据青岛验潮站 1952—1979 年间连续观测潮汐资料计算得出的平均海水面作为新的高程基准面	72.260	

5. 水准原点

水准原点是水准测量传递高程的基准点，即国家高程控制网中所有水准点高程的起算点。我国的水准原点位于青岛市观象山上，在观象山上有一个小石屋，外面有两层高栅栏，在石屋子里面，有一个拳头大小的浑圆的黄玛瑙，玛瑙上一个红色小点，这就是我国的"水准原点"。水准原点在 1956 年黄海高程系中的高程为 72.289m，在 1985 国家高程基准中的高程为 72.2604m。

2.3　测量工作的基本内容和原则

2.3.1 测量基本工作

课件浏览　测量工作的基本内容和原则

在测量工作中，地面点的坐标和高程通常不是直接测定的，而是观测其他要素后计算得出的。一般需要测出已知点与待定点之间的几何关系。如图 2-12 所

示，设 A、B、C 为地面上的三点，其在水平面上的投影分别为 a、b、c。如果 A 点的坐标和高程已知，要确定 B 点的位置，需要确定水平面上 B 点到 A 点的水平距离 D_{AB} 和 B 点位于 A 点的方位。图上 ab 的方向可以用通过 a 点的指北方向线与 ab 的夹角（水平角）α 表示，有了 D_{AB} 和 α，B 点在图上的坐标位置 b 就可以确定。由于 A、B 两点的高程不同，除坐标位置外，还要知道它们之间的高低关系，即 B 点的高程 H_B 或 A、B 两点间的高差 h_{AB}，这样 B 点的位置就完全确定了。如果还要确定 C 点在图上的位置 c，则需要测量 BC 在水平面上的水平距离 D_{BC} 及 b 点上相邻两边的水平夹角 β、H_C 或 h_{BC}。

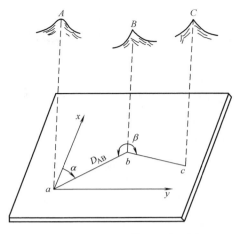

图 2-12　测量工作的基本要素

由此可知，水平距离、水平角及高程是确定地面点相对位置的三个基本几何要素。测量地面点的水平距离、水平角及高程是测量的基本工作。

2.3.2　测量工作的基本原则

在线测试

测量学的主要任务是测绘地形图和施工放样。要在一个已知点上测绘该测区所有的地物和地貌是不可能的，需要测量其附近的范围。因此，只能在若干点上分区观测，最后才能拼成一幅完整的地形图。

如图 2-13 所示，测区内有山丘、房屋、河流、小桥、公路等，测绘地形图的过程是先进行测区范围内的控制测量工作，然后采用碎部测量方法（或全站仪野外数据采集方法），以控制点为基础，测量出这些地物、地貌特征点的坐标，再按一定的比例尺、规定的符号缩小展绘在图纸上。例如，要在图纸上绘出一幢房屋，就需要在这幢房屋附近、与房屋通视且坐标已知的点（如图中的 A 点）上安置测量仪器，选择另一个坐标已知的点（如图中的 F 点或 B 点）作为定向方向，才能测量出这幢房屋角点的坐标。地物、地貌的特征点又称碎部点，测量碎部点坐标的方法与过程称为碎部测量。

图 2-13　地形图的测绘

由图 2-13 可知，在 A 点安置测量仪器可以测绘出西面的河流、小桥，北面的山丘，但山北面的工厂区就看不见了，这就需要在山北面布置一些点，如图中的 C、D、E 点，这些点的坐标应已知。由此可知，要测绘地形图，首先要在测区内均匀布置一些点，并测量计算出它们的 x、y、H 三维坐标。测量上将这些点称为控制点，测量与计算控制点坐标的方法与过程称为控制测量。

通过控制测量和碎部测量阶段，即可进行图纸的编绘工作，最终获得地形图，如图 2-14 所示。

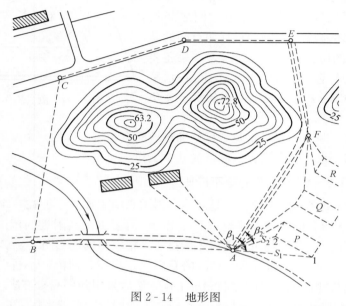

图 2-14　地形图

测地形图是这样进行，施工放样也是如此。但不论采用何种方法、使用何种仪器进行测量或放样，都会给测量成果带来误差。为了防止测量误差的逐渐传递和累积，要求测量工作应遵循以下原则：

（1）在布局上遵循"从整体到局部"的原则，必须先进行总体布置，然后再分期、分区、分项实施局部测量工作，而任何局部的工作都必须服从全局的工作需要。

（2）在工作程序上遵循"先控制后碎部"的原则，先进行控制测量，测定测区内若干个具有控制意义的点（控制点）的平面位置和高程，作为后面测量工作的依据。

（3）在精度上遵循"从高级到低级"的原则。即先布设高精度的控制点，再逐级发展布设低一级的交会点以及进行碎部测量。

（4）测量工作必须进行严格的检核，"前一步工作未做检核不进行下一步测量工作"是组织测量工作应遵循的又一个原则。

课件浏览　用水平面
代替水准面的限度

2.4　用水平面代替水准面的限度

水准面是一个曲面，曲面上的图形投影到平面上，会产生一定的变形。在实际测量工作中，在一定的测量精度要求下，当测区面积不大时，往往用水平面代替水准面，使计算和绘图工作大为简化。因此，应当了解地球曲率对水平距离、水平角和高差的影响，从而决定用水平面代替水准面的允许范围。

2.4.1　对水平距离的影响

如图 2-15 所示，A，B 为地面上两点，它们在大地水准面上的投影为 a，b，弧长为 D，所对的圆心角为 θ。A，B 两点在水平面上的投影为 a'，b'，其距离为 D'，两者之差 ΔD 即为用水平面代替水准面所产生的误差。

设地球的半径为 R，则

$$\Delta D = D' - D$$

因为

$$D' = R\tan\theta, \quad D = R\theta$$

则有

$$\Delta D = R\tan\theta - R\theta = R(\tan\theta - \theta)$$

将 $\tan\theta$ 按级数展开，并略去高次项，取前两项得

$$\tan\theta = \theta + \frac{1}{3}\theta^3$$

则

$$\Delta D = \frac{1}{3}R\theta^3 \tag{2-6}$$

以 $\theta = \dfrac{D}{R}$ 代入式（2-6），得

$$\Delta D = \frac{D^3}{3R^2} \tag{2-7}$$

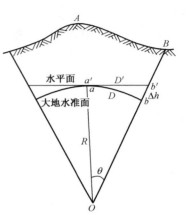

图 2-15　水平面代替
水准面的影响

表示成相对误差为

$$\frac{\Delta D}{D} = \frac{D^2}{3R^2} \tag{2-8}$$

取 $R = 6371 \mathrm{km}$，并以不同的值代入式（2-7）和式（2-8），即可求得用水平面代替水准面的距离误差和相对误差，如表 2-3 所示。

表 2-3　　　　　　　　　　　用水平面代替水准面对距离的影响

距离 D/km	距离误差 ΔD/cm	相对误差 $\Delta D/D$	距离 D/km	距离误差 ΔD/cm	相对误差 $\Delta D/D$
10	0.8	1:1 220 000	50	102.7	1:49 000
25	12.8	1:200 000	100	821.2	1:12 000

在线测试

当距离为 10km 时，以水平面代替水准面所产生的距离误差为 1:1 220 000，小于目前精密距离测量的容许误差，因此可得出结论：在半径为 10km 的圆面积范围内，以水平面代替水准面所产生的距离误差可以忽略不计。对于精度要求较低的测量，还可以扩大到以 25km 为半径的圆面积范围内。

2.4.2　对水平角的影响

由球面三角学知道，同一个空间多边形在球面上投影的各个内角之和，比其在平面上投影的各内角之和大一个球面角 ε，ε 的大小与图形面积成正比。其公式为

$$\varepsilon = \rho'' \frac{P}{R} \tag{2-9}$$

式中　P——球面多边形面积；

　　　R——地球半径；

　　　ρ''——$\rho''=206\ 265''$。

当 $P=100\text{km}^2$ 时，$\varepsilon=0.51''$。

计算表明，对于面积在 100km^2 内的多边形，只有在最精密的测量中才考虑地球曲率对水平角的影响，一般精度要求的测量工作中不必考虑。

2.4.3　对高差的影响

在图 2-15 中，A，B 两点在同一水准面上，其高差应为零。B 点在水平面上的投影为 b'，则 bb' 为水平面代替水准面所产生的高差误差，或称为地球曲率的影响。

$$bb'=\Delta h$$
$$(R+\Delta h)^2=R^2+D'^2$$

化简得

$$\Delta h=\frac{D'^2}{2R+\Delta h} \tag{2-10}$$

式（2-10）中，用 D 代替 D'，同时由于 Δh 与 $2R$ 相比可忽略不计，故

$$\Delta h=\frac{D^2}{2R} \tag{2-11}$$

以不同距离 D 代入式（2-11），得相应的高差误差值，列于表 2-4 中。

表 2-4　　　　　　　　　　用水平面代替水准面对高差的影响

D/m	100	200	500	1000
$\Delta h/\text{mm}$	0.8	3.1	19.6	78.5

由表 2-2 可知，用水平面代替水准面，当距离为 200m 时，高差误差为 3mm，这对高程测量来说影响很大。因此，当进行高程测量时，即使距离很短也必须顾及地球曲率的影响。

综上所述，在半径为 10km 的圆面积范围内，以水平面代替水准面所产生的距离误差可以忽略不计。在精度要求较低时，这个范围还可以相应扩大。对面积为 100km^2 内的多边形，进行水平角测量，可以不考虑地球曲率的影响，但地球曲率对高差的影响是不能忽视的。

课件浏览　测量常用的
计算单位与换算
及测量计算数值
凑整规则

2.5　测量常用的计量单位与换算

测量常用的计量单位是长度单位、面积单位和角度单位。

2.5.1　长度单位

长度单位是指丈量空间距离的基本单位，我国测量工作中法定的长度单位为米（m）；在外文测量书籍、参考文献和测量仪器说明书中，还会用到英制的长度计量单位，英制常用单位有英里（mi）、英尺（ft）、英寸（in）。其换算关系见表 2-5。

表 2 - 5　　　　　　　　　　长度单位转换关系

公制	英制
1km（千米或公里）＝1000m（米）	1km（千米或公里）＝0.6214mi（英里） ＝3280.8ft（英尺）
1m（米）＝10dm（分米） ＝100cm（厘米） ＝1000mm（毫米）	1m（米）＝3.2808ft（英尺） ＝1.094yd（码） ＝39.37in（英寸）

2.5.2　面积单位

面积单位是指测量物体表面大小的单位，我国测量工作中法定的面积单位为平方米（m^2），大面积则用公顷（hm^2）、平方公里或平方千米（km^2）；我国农业土地常用亩（mu）为面积计量单位；英制常用的单位有平方英里（mi^2）、平方英尺（ft^2）、平方英寸（in^2）。其换算关系见表 2 - 6。

在线测试

表 2 - 6　　　　　　　　　　面积单位换算关系

公制	市制	英制
1km²（平方公里）＝1000 000m²	1km²（平方公里）＝100hm²（公顷） ＝1500mu（亩）	1km²（平方公里）＝0.386mi²（平方英里）
1m²（平方米）＝100dm²（平方分米） ＝10 000cm²（平方厘米） ＝100 000mm²（平方毫米）	1mu（亩）＝10 分 ＝100 厘 ＝666.6667m²（平方米） 1are（公亩）＝0.15mu（亩） ＝100m²（平方米）	1m²（平方米）＝10.764ft²（平方英尺） ＝1550.016in²（平方英寸）

2.5.3　角度单位

角度单位是用来测量角度大小的单位，测量工作中常用的角度单位有 60 进制的度（°）、分（′）、秒（″）（DMS—degree、minute、second）制和弧度（radian）制。其换算关系见表 2 - 7。

表 2 - 7　　　　　　　　　　角度单位换算关系

度、分、秒制	弧度制
1 圆周＝360°（度）	1 圆周＝360°（度）＝2πrad（弧度）
1°（度）＝60′（分）＝3600″（秒）	1°（度）＝60′（分） ＝3600″（秒） ＝0.1745rad（弧度） $\rho°$＝57.30°（度） ρ'＝3438′（分） ρ''＝206 265″（秒）

19

2.6　测量计算数值凑整规则

为了避免凑整误差的迅速累积而影响观测成果的精度，在测量计算中通常采用如下的凑整规则：

在测量中，误差处理主要使用毫米（mm）为计量单位，成果处理主要使用米（m）为计量单位。数据保留位数的取舍处理原则如下：按照"四舍六入、五看奇偶，奇进偶不进（通常称为取偶原则）"的原则进行。

在线测试

【案例 2 - 4】　将下列原有数值取舍成小数点后 3 位有效数值。

原有数值	取舍后的数值	原有数值	取舍后的数值
2.637 5	2.638	3.146 59	3.146
5.314 37	5.314	2.623 50	2.624
6.028 61	6.029	9.326 50	9.326

项 目 小 结

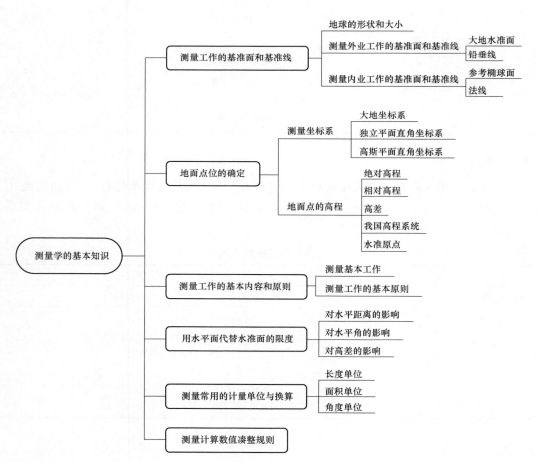

习　　题

1. 什么叫水准面？什么叫大地水准面？它们的特性是什么？

2. 什么叫绝对高程（海拔）？什么叫相对高程？什么叫高差？

3. 表示地面点位有哪几种坐标系？各有什么用途？

4. 测量学中的平面直角坐标系和数学上的平面直角坐标系有何不同？为何这样规定？

5. 已知点 M 位于东经 $117°46'$，计算它所在的 $6°$ 带号和 $3°$ 带号及其相应的中央子午线的经度。

6. 设 A 点的高斯平面直角坐标为 $x=2\ 578\ 546$，$y=18\ 235\ 672$，试问该点属于第几投影带，离中央子午线和赤道各有多远？

7. 对于水平距离和高差而言，在多大的范围内可用水平面代替水准面？

8. 确定地面点的三个基本要素是什么？测量的基本工作是什么？

9. 测量工作的基本原则是什么？

项目 3 水 准 测 量

【主要内容】

水准测量原理；水准仪的基本构造和使用；水准测量的施测方法；水准测量的成果检核和计算；水准仪的检验和校正；水准测量的误差等。

重点：水准仪的使用方法；普通水准测量；四等水准测量施测；水准仪检校。

难点：四等水准测量一测站的观测、记录和计算；水准测量成果的计算。

【学习目标】

知识目标	能力目标
（1）认识水准仪、水准尺、尺垫； （2）掌握水准测量原理； （3）掌握水准测量的施测步骤、记录与计算方法； （4）掌握四等水准测量施测方法； （5）掌握国家四等水准测量精度要求； （6）掌握水准测量成果计算的基本方法； （7）掌握水准仪检验与校正方法； （8）理解水准测量误差的主要来源	（1）能熟练使用水准仪； （2）能熟练使用水准仪进行水准测量的施测、记录与计算； （3）能熟练使用水准仪进行四等水准测量，正确完成一测站的观测、记录和计算； （4）能进行水准测量成果计算和精度评定； （5）会检验并能校正水准仪的误差； （6）能采取有效措施消除或减少水准测量误差

【思政目标】

通过认识水准点，激发学生对专业的认同感以及以祖国为耀的爱国情怀；通过水准测量原理、水准测量方法及水准测量误差的学习，培养学生的团结协作意识、吃苦耐劳和攻坚克难的精神以及认真严谨的学习态度，培养学生不断学习和创新能力。

在测量工作中，要确定地面点的空间位置，就必须要确定地面点的高程。确定地面点的高程的测量工作称为高程测量。高程测量是测量工作的基本内容之一。根据测量原理和施测方法的不同，高程测量分为几何水准测量、三角高程测量、气压高程测量等。近年来，GPS测量也可提供 GPS 高程，通过修正其值也可换算为海拔高程。其中，几何水准测量是高程测量中最基本、最精密的一种方法，被广泛应用于高程控制测量和工程测量中。按精度的高低，几何水准测量分为国家一、二、三、四等水准测量和等外水准测量（也叫图根水准测量）。其中，一等水准测量的精度最高，是国家控制网的骨干，也是地壳垂直位移及有关科学研究的主要依据；二等水准测量的精度低于一等水准测量，是国家高程控制的基础；三、四等水准测量的精度依次降低，主要为地形测图和各种工程建设提供高程控制；等外水准测量的精度低于四等水准测量，主要用于测定图根点的高程和普通工程建设施工。本章主要介绍等外水准测量和三、四等水准测量。

3.1　水 准 测 量 的 原 理

3.1.1　水准测量的基本原理

　　水准测量是利用水准仪提供的水平视线在水准尺上读数,直接测定地面上两点间的高差,然后根据已知点高程及测得的高差来推算待定点的高程。

　　如图 3-1 所示,地面上有 A、B 两点,设 A 为已知点,其高程为 H_A,B 点为待定点。在 A、B 两点中间安置一台能提供水平视线的仪器——水准仪,在两点上分别竖立带有刻画的标尺——水准尺,当水准仪提供水平视线时,分别读取 A 点上水准尺的读数 a 和 B 点上水准尺的读数 b,则 A、B 两点的高差为

$$h_{AB} = a - b \qquad (3-1)$$

　　设水准测量的方向是从 A 点往 B 点进行。则规定已知点 A 为后视点,A 尺为后视尺,简称为后尺,A 尺上的读数 a 为后视读数;待定点 B 为前视点,B 尺为前视尺,简称为前尺,B 尺上的读数 b 为前视读数。安置仪器处称为测站,竖立水准尺的点称为测点。

　　式 (3-1) 用文字表述为:两点间的高差等于后视读数减去前视读数。显然,高差有正(+)、负(-)之分。当 B 点高于 A 点时,$a > b$,高差为正;当 B 点低于 A 点时,$a < b$,高差为负。

　　有了 AB 两点间的高差 h_{AB} 后,就可进一步由已知点 A 的高程 H_A 推算待定点 B 的高程 H_B。B 点的高程为

$$H_B = H_A + h_{AB} = H_A + (a - b) \qquad (3-2)$$

　　在工程测量中还有一种应用较为广泛的计算方法,即由视线高程计算 B 点的高程。由图 3-1 可知,A 点的高程加上后视读数 a 等于水准仪的视线高程,简称视线高,一般用 H_i 表示视线高

$$H_i = H_A + a \qquad (3-3)$$

　　则 B 点的高程等于仪器的视线高 H_i 减去 B 尺的读数 b,即为

$$H_B = H_i - b = (H_A + a) - b \qquad (3-4)$$

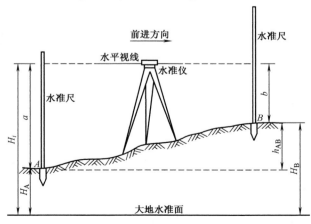

图 3-1　水准测量原理

式（3-2）是直接用高差计算 B 点高程，称为高差法；式（3-4）是利用水准仪的视线高程计算 B 点高程，称为视线高法。

3.1.2 连续水准测量

当已知点与待定点间相距不远、高差不大，且无视线遮挡时，只需安置一次水准仪就可测得两点间的高差。但在实际工作中，已知点到待定点之间的距离往往较远或高差较大，仅安置一次仪器不可能测得两点间的高差，此时，可以进行分段测量，在两点间分段连续安置水准仪和竖立水准尺，依次连续测定各段高差，最后取各段高差的代数和，即得到已知点和待定点之间的高差。

如图 3-2 所示，根据水准测量的原理，可以看出每站的高差为

$$h_1 = a_1 - b_1$$
$$h_2 = a_2 - b_2$$
$$\vdots$$
$$h_n = a_n - b_n$$

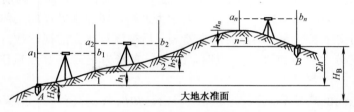

图 3-2　连续水准测量

将上述各式相加，即得 A，B 两点间的高差

$$h_{AB} = h_1 + h_2 + \cdots + h_n = \sum h \tag{3-5}$$

或写成

$$h_{AB} = (a_1 - b_1) + (a_2 - b_2) + \cdots + (a_n - b_n)$$
$$= (a_1 + a_2 + \cdots + a_n) - (b_1 + b_2 + \cdots + b_n) = \sum_{i=1}^{n} a_i - \sum_{i=1}^{n} b_i \tag{3-6}$$

在实际作业中，可先根据式（3-5）计算出 A、B 两点的高差 h_{AB}，再用式（3-6）进行检核计算，以检验计算高差的正确性。

图 3-2 中，在 A、B 之间设立了过渡点 1、2、…、$(n-1)$，这些点的高程是不要求测定的，它们的作用是传递高程，这样的点叫转点。

3.2　水准测量的仪器和工具

在水准测量中，使用的仪器主要有水准仪、水准尺和尺垫。

3.2.1　DS$_3$ 型水准仪

水准测量使用的仪器称为水准仪，其全称为大地测量水准仪，按精度分为 DS$_{05}$、DS$_1$、DS$_3$、DS$_{10}$ 型等几种型号。D、S 分别为"大地测量""水准仪"汉语拼音的第一个字母，下标数值表示仪器的精度，即每千米往返测高差中数的偶然中误差分别不

超过 0.5mm、1mm、3mm、10mm。DS_{05} 型和 DS_1 型为精密水准仪,主要用于国家一、二等水准测量和精密水准测量;DS_3 型和 DS_{10} 型为普通水准仪,用于一般的工程建设测量和三、四等水准测量。本章着重介绍工程测量中常用的 DS_3 型微倾水准仪和 DS_3 型自动安平水准仪。

1. DS_3 型微倾水准仪

图 3-3 是我国生产的 DS_3 型微倾水准仪的外貌和各部分名称。DS_3 型微倾水准仪主要由望远镜、水准器和基座三部分组成。

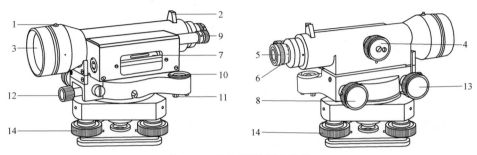

图 3-3 DS_3 型微倾水准仪

1—准星;2—缺口;3—物镜;4—物镜调焦螺旋;5—目镜;6—目镜调焦螺旋;7—管水准器;
8—微倾螺旋;9—管水准器气泡观察窗;10—圆水准器;11—圆水准器校正螺旋;
12—水平制动螺旋;13—水平微动螺旋;14—脚螺旋

(1) 望远镜。望远镜主要用于照准目标并在水准尺上读数。如图 3-4 所示,望远镜由物镜、目镜、十字丝分划板、物镜调焦螺旋及目镜调焦螺旋组成。望远镜具有一定的放大倍数,DS_3 型水准仪望远镜的放大率一般不低于 28 倍。根据调焦方式不同,望远镜又分为外调焦望远镜和内调焦望远镜两种。现在使用的大多是内调焦望远镜,其成像原理如图 3-5 所示:目标 AB 经过物镜 Ⅰ 和物镜调焦透镜 Ⅱ 的作用,在镜筒内构成倒立的小实像 ab,转动物镜调焦螺旋,调焦透镜便随着前后移动,使不同距离的目标清晰地成像在十字丝分划板上,再经过目镜 Ⅲ 的放大,使倒立的小实像放大成倒立的大虚线 a_1b_1。

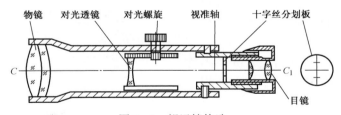

图 3-4 望远镜构造

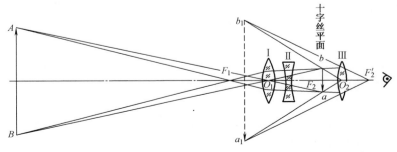

图 3-5 望远镜成像原理

十字丝交点与物镜光心的连线称为视准轴。视准轴是瞄准目标和读数的依据。

十字丝分划板的形式较多，常见的如图 3-6 所示。十字丝分划板上面刻有相互垂直的纵横细线，称为横丝（或中丝）和纵丝（或竖丝），与横丝平行的上、下两根短丝，一根叫上丝，一根叫下丝，统称为视距丝，用来测量仪器和目标之间的距离。调节目镜调焦螺旋，可使十字丝分划线成像清晰。

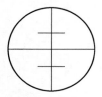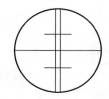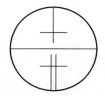

图 3-6　十字丝分划板

（2）水准器。水准器是用来衡量视准轴是否水平或仪器竖轴是否铅直的装置。水准器有水准管（又叫管水准器）和圆水准器两种。

在线测试

1）圆水准器。圆水准器是一圆柱形的玻璃盒镶嵌装在金属框内形成的。玻璃盒顶面内壁为球面，球面中央有一个圆圈，其圆心称为圆水准器的零点。零点与球心的连线，称为圆水准器轴。当气泡居中时，圆水准器轴就处于铅直位置。圆水准器的分划值是指气泡中心偏离零点 2mm 时轴线所倾斜的角值。DS$_3$ 水准仪的圆水准器分划值一般为 $8'/2\text{mm}\sim10'/2\text{mm}$。由于圆水准器顶面内壁曲率半径较小，灵敏度较低，只能用于仪器的粗略整平。

2）水准管。水准管也叫管水准器，是把纵向内壁琢磨成圆弧形的封闭玻璃管，管内装满质轻而易流动的液体（酒精或乙醚），装满后加热，使液体膨胀而排出一部分，然后封闭玻璃管，待其冷却后，在管内就形成一个气体充塞的小空间，这个空间即为水准气泡，如图 3-7 所示。

由于气体比液体轻，所以无论水准管处于水平位置还是倾斜位置，气泡总是在最高点。

水准管圆弧形表面上刻有 2mm 间隔的分划线，分划线的对称中心 O 是水准管圆弧的中心，称为水准管的零点。通过零点与圆弧相切的直线 LL_1，称为水准管轴。当气泡中心与零点重合时，称气泡居中，这时水准管轴 LL_1 一定处于水平位置。若气泡不居中，则水准管轴处于倾斜位置。

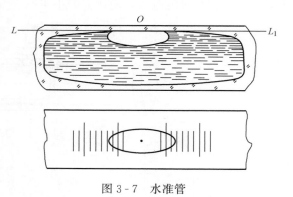

图 3-7　水准管

水准管上 2mm 的弧长所对应的圆心角值称为水准管分划值，一般用 τ 表示。水准管的分划值即是气泡每移动一格时，水准管轴所倾斜的角值。

即为
$$\tau = \frac{2}{R}\rho \qquad (3-7)$$

式中　τ——水准管的分划值，$('')$；

R——水准管圆弧的半径，mm；

ρ——弧度的秒值，$\rho=206\ 265''$。

水准管分划值的大小反映了仪器整平精度的高低。由式（3-7）可以看出：水准管半径越大，分划值越小，灵敏度（整平仪器的精度）就越高，仪器居中也越费时。DS_3型水准仪的水准管分划值为$20''/2mm$。

为了提高水准管气泡居中的精度，微倾式水准仪在水准管的上方安装了一组符合棱镜系统，通过棱镜的反射作用，把气泡两端的影像折射到望远镜旁的观察窗内。如图3-8所示，当气泡两端的影像合成一个光滑圆弧时，表示气泡居中，若两端影像错开，则表示气泡不居中，可转动微倾螺旋使气泡影像吻合。这种水准器称为符合水准器。

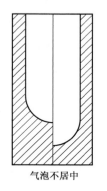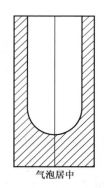

气泡不居中　　　　　　　气泡居中

图3-8　符合水准器

（3）基座。基座主要由轴座、脚螺旋和连接板组成。其作用是支撑仪器的上部。整个仪器用中心连接螺旋与三脚架连接。转动三个脚螺旋可使水准器气泡居中。

2.DS_3型自动安平水准仪

（1）自动安平水准仪的特点。自动安平水准仪也称为补偿器水准仪，它的结构特点是没有水准管和微倾螺旋，而是利用自动安平补偿器代替水准管和微倾螺旋，自动获得视线水平时水准尺读数的一种水准仪。观测时，只需将仪器圆气泡居中，尽管望远镜的视准轴还有微小的倾斜，但可借助一种补偿装置使十字丝读出相当于视准轴水平时的水准尺读数。由于省略了"精平"过程，从而简化了操作，提高了观测速度。图3-9所示为天津欧波公司生产的DS_3型自动安平水准仪，各部件名称见图中注记。

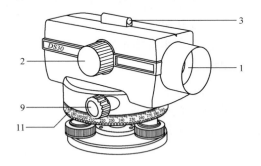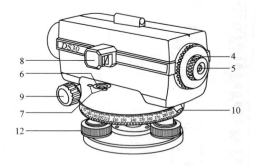

图3-9　DS_3型自动安平水准仪

1—物镜；2—物镜调焦螺旋；3—粗瞄器；4—目镜调焦螺旋；5—目镜；6—圆水准器；7—圆水准器校正螺钉；8—圆水准器反光镜；9—无限位微动螺旋；10—补偿器检测按钮；11—水平度盘；12—脚螺旋

（2）自动安平水准仪的基本原理。目前，自动安平水准仪的类型很多，但其自动安平的原理是相同的，即在水准仪的光学系统中，设置了一个自动安平补偿器，用以改变光路，使视准轴略有倾斜时，视线仍能保持水平，以达到水准测量的要求。图3-10所示为补偿器的原理图，当水准轴水平时，水准尺的读数为a_0，即A点的水平视线通过物镜光路到达十字丝的中心；当视准轴倾斜了一个小角度 α 时，视准轴的读数为 a，为了使十字丝横丝的读数仍为视准轴水平时的读数 a_0，在望远镜的光路中加了一个补偿器，使经过物镜光心的水平视线经过补偿器的光学元件后偏转了一个 β 角，水平光线将落在十字丝的交点处，从而得到正确的读数。补偿器要达到补偿的目的应满足

$$f\alpha = d\beta \tag{3-8}$$

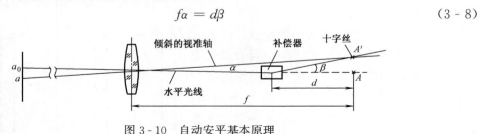

图 3 - 10　自动安平基本原理

3.2.2　水准尺

　　水准尺是水准测量时使用的标尺，用优质木材或玻璃钢制成。常用的水准尺有塔尺和双面尺两种，如图 3 - 11 所示。

　　双面尺也叫直尺，如图 3 - 11（b）（c）所示，尺长 3m。尺的双面均有刻度，一面为黑白相间，称为黑面尺（也称基本分划），尺底端起点为零；另一面为红白相间，称为红面尺（也称辅助分划），尺底端起点是一个常数，一般为 4.687m 或 4.787m。双面尺一般成对使用，利用黑、红面尺零点相差的常数可对水准测量读数进行检核。双面尺用于三、四等以及等外水准测量中。

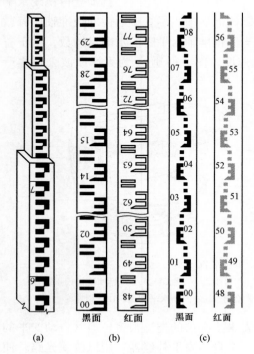

　　图 3 - 11（a）为塔尺，形状呈塔形，由几节套接而成，其全长可达 5m，尺的底部为零刻度，尺面以黑白相间的分划刻度，最小刻度为 1cm 或 0.5cm，米和分米处注有数字，大于 1m 的数字注记加注红点或黑点，点的个数表示米数。塔尺携带方便，但在连接处常会产生误差，一般用于精度要求较低的普通水准测量中。

3.2.3　尺垫

　　如图 3 - 12 所示，尺垫用铁制成，呈三角形。上面有一个凸起的半圆球，半球的顶点作为转点标志，水准尺立于尺垫的半圆球顶点上。使用时，应将尺垫下面的三个脚踏入土中，使其稳固。

黑面　红面　　黑面　红面

（a）　（b）　　　（c）

图 3 - 11　水准尺

（a）塔尺；（b）倒像水准尺；（c）正像水准尺

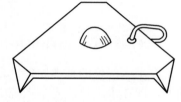

图 3 - 12　尺垫

3.3　水 准 仪 的 使 用

课件浏览　水准仪的
使用

3.3.1　DS₃型微倾水准仪的使用

DS₃型微倾水准仪的使用程序可归纳为：安置仪器—粗略整平—瞄准和调焦—精确整平—读数。

1. 安置仪器

进行水准测量时，首先在测站上松开三脚架架腿的固定螺旋，调节三个脚腿使高度适中，再拧紧固定螺旋。在较平坦的地面上，将三个脚大致放成等边三角形，在适当的高度，使脚架顶面大致水平，稳定牢固地安置于地面上；在斜坡上，应将两个架腿平置于坡下，另一个架腿安置在斜坡方向上，踩实架腿安置脚架。三脚架安置好后，从仪器箱中取出仪器，用中心连接螺旋将仪器固定在三脚架上。

2. 粗略整平

粗略整平简称粗平，是调节仪器脚螺旋使圆水准器气泡居中，以达到水准仪的竖轴铅直、视线大致水平的目的。

粗平的操作方法如下：

（1）松开水平制动螺旋，转动仪器，使圆水准器置于1、2两个脚螺旋之间，如图3-13（a）所示。

（2）用两手分别以相对方向转动两个脚螺旋，使气泡位于圆水准器零点和1、2两个脚螺旋连线的方向上，如图3-13（b）所示。此时气泡的移动方向与左手大拇指移动的方向一致。

（3）转动脚螺旋3，使气泡居中，如图3-13（c）所示。

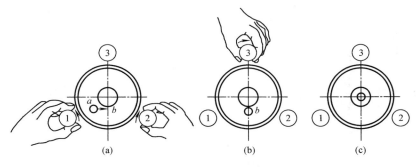

图 3-13　粗略整平水准仪

按上述方法反复调整脚螺旋，能使圆水准器气泡完全居中。脚螺旋转动的原则是：顺时针转动脚螺旋使该脚螺旋所在一端升高，逆时针转动脚螺旋使该脚螺旋所在一端降低，气泡偏向哪端说明哪端高些，气泡的移动方向始终与左手大拇指转动的方向一致，称之为"左手大拇指法则"。

3. 瞄准和调焦

瞄准目标简称瞄准。瞄准分为粗瞄和精瞄。粗瞄就是通过望远镜镜筒外的缺口和准星瞄准水准尺后，进行调焦，使镜筒内能清晰地看到水准尺和十字丝。

具体的操作方法如下：

（1）放松望远镜制动螺旋，将望远镜对准明亮的背景，转动目镜调焦螺旋使十字丝成像清晰。

（2）转动望远镜水平制动螺旋，用望远镜镜筒外的缺口和准星粗略地瞄准水准尺，固定制动螺旋。

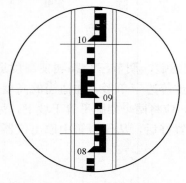

图 3 - 14　瞄准水准尺

（3）转动物镜对光螺旋，使尺子的成像清晰，转动水平微动螺旋，使十字丝纵丝对准水准尺的中间，如图 3 - 14 所示。

（4）消除视差。如果调焦不到位，就会使尺子成像面与十字丝分划平面不重合，此时，若观测者的眼睛靠近目镜端，并上下微微移动，就会发现十字丝和目标影像也随之变动，这种现象称为视差。图 3 - 15（a）、（b）所示的为像与十字丝平面不重合的情况。当人眼位于中间 2 位置时，十字丝的交点 O 与目标的像 a 重合；当人眼睛略微向上位于 1 位置时，O 与 b 重合；当人眼睛略微向下位于 3 位置时，O 与 c 重合。如果连续使眼睛的位置上下移动，就好像看到物体的像在十字丝附近上下移动一样。图 3 - 15（c）是不存在视差的情况，此时，无论眼睛处于 1、2、3 哪个位置，目标的像均与十字丝平面重合。视差的存在将影响观测结果的准确性，应予消除。消除视差的方法是：仔细反复进行目镜和物镜调焦，直到眼睛无论在哪个位置观察，尺像和十字丝均处于清晰状态，十字丝横丝所照准的读数始终不变。

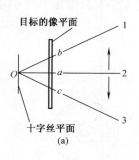

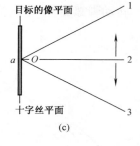

图 3 - 15　视差

4. 精确整平

精确整平简称精平，就是调节微倾螺旋，使符合水准器气泡居中，即让目镜左边观察窗内的符合水准器气泡的两个半边影像完全吻合，这时，望远镜的视准轴完全处于水平位置。每次在水准尺上读数之前都应进行精平。由于气泡移动有惯性，所以，转动微倾螺旋的速度不能太快，只有符合气泡两端影像完全吻合且稳定不动后，气泡才居中。

5. 读数

符合水准器气泡居中后，即可读取十字丝中丝在水准尺上的读数。依次读出米、厘米、分米、毫米四位数，其中，毫米位是估读的。如图 3 - 16 所示，中丝读数为 1.308m，如果以毫米为单位，读记为 1308mm。

由于水准尺有正像和倒像两种，所以，读数时要注意遵循从小到大读数

在线测试

的原则。正像的尺子上丝读数大，下丝读数小；倒像的尺子上丝读数小，下丝读数大。图 3-16 所示为倒像读数。

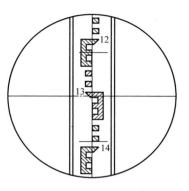

图 3-16 水准尺读数

需要注意的是：当望远镜瞄准另一方向时，符合气泡两侧如果分离，则必须重新转动微倾螺旋，使水准管气泡符合后才能对水准尺进行读数。

3.3.2 自动安平水准仪的使用

自动安平水准仪的使用与微倾水准仪的不同之处为，不需要精平操作，这种水准仪的圆水准器的灵敏度为 $8'\sim10'/2mm$，其补偿器的作用范围为 $\pm15'$，因此整平圆水准气泡后，补偿器能自动将视线导致水平，即可对水准尺进行读数。

由于补偿器相当于一个重摆，只有在自由悬挂时才能起到补偿作用，如果有仪器故障或操作不当，例如圆水准气泡未按规定要求整平或圆水准器未校正好等原因，使补偿器搁住，则观测结果将是错误的。因此这类仪器一般设有补偿器检查按钮，轻触补偿摆，在目镜中观察水准尺分划像与十字丝是否有相对浮动，由于阻尼器对自由悬挂的重摆在起作用，所以阻尼浮动会在 $1'\sim2'$ 内静止下来，则说明补偿器的状态正常，否则应检查原因使其恢复正常功能。

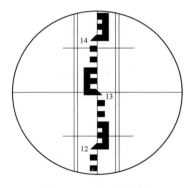

图 3-17 水准尺读数

自动安平水准仪使用步骤如下：

（1）粗略整平仪器（方法同微倾水准仪）。

（2）瞄准调焦。用瞄准器将仪器对准水准尺，转动目镜调焦螺旋使十字丝最清晰，转动物镜调焦螺旋使水准尺分划最清晰，消除视差。

（3）轻按补偿器检查按钮，验证其功能是否正常。

（4）读数。

如图 3-17 所示为水准尺读数，中丝读数为 1.306m，如果以毫米为单位，读记为 1306mm。

3.4 普 通 水 准 测 量

课件浏览 普通水准测量

普通水准测量又称等外水准测量或图根水准测量，也称为五等水准测量。它主要用于加密高程控制点且直接为地形测图服务，也广泛用于土木工程施工中。

3.4.1 水准点

通过水准测量的方法测定其高程的控制点称为水准点，常用 BM 表示。例如，BM_{IV2} 表示的是四等水准路线上的第 2 号水准点。水准点有永久性和临时性两种。国家等级的水准点应按要求埋设永久性的标志，如图 3-18（a）所示。永久性水准点一般用石料或钢筋混凝土制成，深埋在地面冻土线以下，其顶面设有不锈钢或其他耐腐蚀材料制成的半球形标志。有些水准点也可设置在稳定的墙脚上，称为墙上水准点，如图 3-18（b）所示。临时性的水准点可用地面上突出的坚硬岩石做记号，松软的地面上可打入木桩，在桩顶钉一个小铁钉来表示水准点，在坚硬的地面上也可以用油漆划出标记作为水准点。

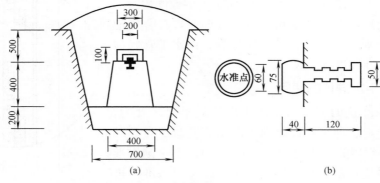

图 3-18　国家等级水准点

　　埋设水准点后，应绘出水准点与附近地物的关系图，在图上还要写明水准点的编号和高程，称为点之记，以便于日后寻找水准点位置时使用。

3.4.2　水准路线

　　水准路线是水准测量所经过的路线，其布设形式有单一水准路线和水准网两种。

在线测试

　　1. 单一水准路线

　　根据已知水准点的分布情况，单一水准路线布设形式有三种，即附合水准路线、闭合水准路线、支水准路线。

　　（1）附合水准路线。从一已知高程水准点出发，经过各待测水准点进行水准测量，最后附合到另一已知高程水准点所构成的水准路线，称为附合水准路线，如图 3-19（a）所示。附合水准路线常用于带状区域。

　　（2）闭合水准路线。从一已知高程水准点出发，经过各待测水准点进行水准测量，最后仍回到原已知高程水准点上，所构成的环形水准路线称为闭合水准路线，如图 3-19（b）所示。闭合水准路线常用于方形区域。

　　（3）支水准路线。从一已知水准点出发，经过各待测水准点进行水准测量，其路线既不闭合回原已知高程水准点上，也不附合到另一个已知高程水准点，称为支水准路线，如图 3-19（c）所示。此形式没有检核条件，因此，为了提高观测精度和增加检核条件，支水准路线必须进行往、返测量。往测高差总和理论上应与返测高差总和大小相等而符号相反。

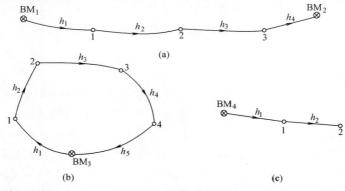

图 3-19　单一水准路线

2. 水准网

若干条单一水准路线相互连接构成结点或网状形式，称为水准网。只有一个高程点的称为独立水准网，如图 3 - 20 （b）所示；有 3 个以上高程点的称为附合网，如图 3 - 20 （a）所示。

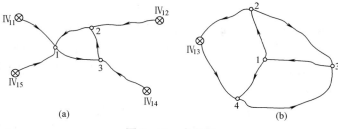

图 3 - 20　水准网

3.4.3　普通水准测量

1. 普通水准测量的观测程序

（1）将水准尺立于已知高程水准点上，作为后视。

（2）将水准仪安置于水准路线适当的位置，在施测路线的前进方向上适当的位置处放置尺垫，并将尺垫踩实放好，在尺垫上竖立水准尺作为前视。水准仪到两根水准尺的距离应基本相等，仪器到水准尺的距离不得大于 150m。

（3）将仪器粗平后，瞄准后尺，消除视差，精平，读取中丝读数，记入观测手簿。

（4）调转水准仪，瞄准前尺，消除视差，精平，读取中丝读数，记入观测手簿。记录员根据记录的读数计算高差。

（5）将仪器搬至第二站，第一站的前尺不动，变成第二站的后尺，第一站的后尺移到前面适当的位置作为第二站的前尺，按第一站相同的观测程序进行第二站测量。

（6）依次沿水准路线前进方向观测完毕。

表 3 - 1 为普通水准测量记录手簿。

表 3 - 1　　　　　　　　　　　　普通水准测量记录手簿

测自　　　点至　　　点　　　　　　　　天气：　　　　　　　　日期：
仪器号码：　　　　　　　　　　　观测者：　　　　　　　　记录者：

测站	测点	后视读数/m	前视读数/m	高差/m +	高差/m −	高程/m	备注
1	BM_1	1.958	—	0.705		36.524	
	转点 1	—	1.253				
2	转点 1	1.234	—		0.598		
	转点 2	—	1.832				
3	转点 2	1.697	—	0.851			
	转点 3	—	0.846				
4	转点 3	2.356	—	0.824			
	BM_2	—	1.532			38.306	
Σ		7.245	5.463	2.380	0.598		
计算检核	$\sum a - \sum b = 7.245 - 5.463 = 1.782$ $\sum h = 2.380 - 0.598 = 1.782$ $H_{终} - H_{始} = 38.306 - 36.524 = 1.782$						

2. 水准测量的检核方法

（1）计算检核。计算检核可以检查出每站高差计算中的错误，及时发现并纠正错误，保证计算结果的正确性。根据式（3-5）和式（3-6），计算检核可按下式进行

$$\sum a - \sum b = \sum h = H_{终} - H_{始} \qquad (3-9)$$

即后视读数之和减前视读数之和的差应等于各测站高差的代数和，还应等于计算得到的终点高程减去已知的起点高程。上述等式成立时，表示计算正确，否则说明计算中有错误。计算检核只能检核计算的对错，不能检核观测数据是否正确。因此，为了保证观测数据的正确性，通常采用测站检核。

（2）测站检核。测站检核一般采用变动仪器高法和双面尺法。

1）变动仪器高法：在一个测站上测得高差后，改变仪器高度，即将水准仪升高或降低（变动 10cm 以上）后重新安置仪器，再测一次高差，两次测得高差之差不超过 3mm 时，取其平均值作为该站高差。超过此限差须重新观测。

2）双面尺法：在一个测站上，不改变仪器高度，先用双面水准尺的黑面观测测得一个高差，再用红面观测测得一个高差，两个高差之差不超过限差（允许的差数），同时，每一根尺子红黑两面读数的差与常数（4.687m 或 4.787m）之差不超限时，可取其平均值作为观测结果。如不符合要求，则需重测。

（3）成果检核。上述检核只能检查单个测站的观测精度和计算是否正确，还必须进一步对水准测量成果进行检核，即将测量结果与理论值比较，来判断观测精度是否符合要求。实际测量得到的该段高差与该段高差的理论值之差即为测量误差，称为高差闭合差，一般用 f_h 表示

$$f_h = \sum h_{测} - \sum h_{理} \qquad (3-10)$$

如果高差闭合差在限差允许之内，则观测精度符合要求，否则应当重测。水准测量的高差闭合差的允许值根据水准测量的等级不同而异。表 3-2 为工程测量的限差表。

表 3-2   **工 程 测 量 的 限 差 表**

等级	允许闭合差/mm	一般应用范围举例
三等	$f_{h允} = \pm 12\sqrt{L}$ $f_{h允} = \pm 4\sqrt{n}$	有特殊要求的较大型工程、城市地面沉降监测等
四等	$f_{h允} = \pm 20\sqrt{L}$ $f_{h允} = \pm 6\sqrt{n}$	综合规划路线、普通建筑工程、河道工程等
等外（图根）	$f_{h允} = \pm 40\sqrt{L}$ $f_{h允} = \pm 12\sqrt{n}$	水利工程、山区线路工程、排水沟疏浚工程、小型农田等

注 1. 表中 L 为水准路线单程千米数，n 为单程测站数。

    2. 允许闭合差 $f_{h允}$，在平地按水准路线的千米数 L 计算，在山地按测站数 n 计算。

1）附合水准路线的高差闭合差。

对于附合水准路线，$\sum h_{理} = H_{终} - H_{始}$，因此

$$f_h = \sum h_{测} - (H_{终} - H_{始}) \qquad (3-11)$$

式中 f_h——实测高差闭合差；

    $\sum h_{测}$——实测高差总和；

    $H_{终}$——路线终点已知高程；

$H_{始}$——路线起点已知高程。

2）闭合水准路线的高差闭合差。

对于闭合水准路线，$\sum h_{理}=0$，因此

$$f_h = \sum h_{测} \tag{3-12}$$

3）支水准路线的高差闭合差。

支水准路线往返测量理论值之和应等于零，因此

$$f_h = \sum h_{测} = \sum h_{往} + \sum h_{返} \tag{3-13}$$

3．水准测量的注意事项

（1）在已知水准点和待测高程点上，都不能放尺垫，应将水准尺直接立于标石或木桩上。

（2）水准尺要扶直，不能前后左右倾斜。

（3）在观测员未迁站前，后视尺的尺垫不能动。

（4）外业记录必须用铅笔在现场直接记录在手簿中，记录数据要端正、整洁，不得对原始记录进行涂改或擦拭。读错、记错的数据应划去，再将正确的数据记在上方，在相应的备注中注明原因。对于尾数读数有错误的记录，不论什么原因都不允许更改，而应将该测站的观测结果废去重测，重测记录前需加"重测"二字。

（5）有正、负意义的量，在记录时，都应带上"＋""－"，正号也不能省去。对于中丝读数，要求读记 4 位数，前后的 0 都要读记。

3.5　三、四等水准测量

在地形测图和施工测量中，多采用三、四等水准测量作为首级高程控制，其精度高，要求严格。三、四等水准点的高程应从附近的一、二等水准点引测。在进行高程控制测量前，必须事先根据精度和需要在测区布置一定密度的水准点，水准点标志及标石的埋设应符合相关规范要求。三、四等水准测量的路线、操作方法、观测程序都有一定的技术要求。

课件浏览　三、四等
水准测量

3.5.1　三、四等水准测量的技术要求

国家测绘局制定的三、四等水准测量的主要技术要求见表 3-3。

表 3-3　　　　　　　　　　三、四等水准测量的主要技术要求

等级	视距/m	高差闭合差限差/mm		视线高度	前后视距差/m	前后视距积累差/m	黑红面读数差/mm	黑红面所测高差之差/mm
		平地	山区					
三等	≤75	$\pm12\sqrt{L}$	$\pm4\sqrt{n}$	三丝能读数	≤2.0	≤5.0	2.0	3.0
四等	≤100	$\pm20\sqrt{L}$	$\pm6\sqrt{n}$	三丝能读数	≤3.0	≤10.0	3.0	5.0

3.5.2　三、四等水准测量的施测方法

三、四等水准测量的观测应在通视良好、成像清晰稳定的情况下进行。一般采用双面水准标尺进行观测，下面以四等水准测量为例介绍双面尺法的观测程序。

1．测站观测程序

（1）用圆水准器整平仪器，并使符合水准器气泡的影像分离不大于 1cm，然后测定前后

视的概略视距，使之符合限差要求。

（2）照准后视标尺的黑面，使水准管气泡居中，读取下丝（1）、上丝（2）、中丝（3），并进行记录。

（3）照准后视标尺的红面，读取中丝（4）读数，并进行记录。

（4）照准前视标尺的黑面，使水准管气泡居中，读取下丝（5）、上丝（6）、中丝（7），并进行记录。

（5）照准前视标尺的红面，读取中丝（8）读数，并进行记录。

以上四等水准测量观测程序可简称为"后—后—前—前"或"黑—红—黑—红"。四等水准测量每站观测程序也可为"后—前—前—后"（或称为"黑—黑—红—红"），即

后视黑面尺读下、上、中丝；

前视黑面尺读下、上、中丝；

前视红面尺读中丝；

后视红面尺读中丝。

2. 测站的计算与校核

在线测试

首先将观测数据（1）、（2）、…、（8）按表 3 - 4 的形式记录。

（1）视距计算。

后视距离：$(9)=[(1)-(2)]\times100$；

前视距离：$(10)=[(5)-(6)]\times100$；

前、后视距差值：$(11)=(9)-(10)$；

前、后视距累积差：$(12)=本站(11)+前站(12)$。

（2）高差计算。

后视标尺黑、红面读数差：$(13)=K_1+(3)-(4)$；

前视标尺黑、红面读数差：$(14)=K_2+(7)-(8)$；

K_1、K_2 分别为后、前两水准尺的黑、红面的起点差，也称尺常数，一般为 4.687m、4.787m。

黑面高差：$(15)=(3)-(7)$；

红面高差：$(16)=(4)-(8)$；

黑、红面高差之差：$(17)=(15)-[(16)\pm0.1]=(13)-(14)$。

当上述计算合乎限差要求时，可进行高差中数计算。

高差中数：$(18)=\dfrac{1}{2}\{(15)+[(16)\pm0.1]\}$。

（3）检核计算。

1）每站检核：$(17)=(13)-(14)=(15)-[(16)\pm0.1]$。

当进行到此时，一个测站的观测和计算工作即完成，确认各项计算符合要求时，方可迁站，迁站之前，后视标尺及尺垫不允许移动。

2）每页观测成果检核。除了检查每站的观测计算外，还应在每页手簿的下方计算本页的 $\sum$，检查并使之满足下列要求。

红、黑面后视中丝总和减红、黑面前视中丝总和应等于红、黑面高差总和，还应等于平均高差总和的两倍。

$$\sum(9)-\sum(10)=末站(12)$$

当每页测站数为偶数时

$$\sum[(3)+(4)]-\sum[(7)+(8)]=\sum[(15)+(16)]=2\sum(18)$$

当每页测站数为奇数时

$$\sum[(3)+(4)]-\sum[(7)+(8)]=\sum[(15)+(16)]=2\sum(18)\pm0.1$$

校核无误后，算出总视距。

水准路线总长度 $L=\sum(9)+\sum(10)$。

3.5.3 成果计算

在完成水准路线观测后，计算高差闭合差，经检核合格后，调整闭合差并计算各点高程。具体计算方法见本章第6节。表3-4是四等水准测量的记录、计算与检核表。

表3-4 　　　　　　　　　　　　四等水准测量记录、计算与检核表

测站编号	后尺 下丝 上丝 后视距 视距差 d/m	前尺 下丝 上丝 前视距 累计差 $\sum d$/m	方向及尺号	标尺读数 黑面	标尺读数 红面	K+黑-红/mm	高差中数/m	备注
	(1)	(5)	后 K_1	(3)	(4)	(13)		
	(2)	(6)	前 K_2	(7)	(8)	(14)	(18)	$K_1=4687$mm
	(9)	(10)	后一前	(15)	(16)	(17)		$K_2=4787$mm
	(11)	(12)						
1	2.121	2.196	后 K_1	1.934	6.621	0		
	1.747	1.821	前 K_2	2.008	6.794	+1	−0.0735	
	37.4	37.5	后一前	−0.074	−0.173	−1		
	−0.1	−0.1						
2	1.914	2.055	后 K_2	1.726	6.513	0		
	1.539	1.678	前 K_1	1.865	6.553	−1	−0.1395	
	37.5	37.7	后一前	−0.139	−0.040	+1		
	−0.2	−0.3						
3	1.974	2.142	后 K_1	1.836	6.520	+3		
	1.702	1.875	前 K_2	2.007	6.795	−1	−0.1730	
	27.2	26.7	后一前	−0.171	−0.275	+4		
	+0.5	+0.2						
4	1.589	2.106	后 K_2	1.358	6.144	+1		
	1.126	1.640	前 K_1	1.872	6.561	−2	−0.5155	
	46.3	46.6	后一前	−0.514	−0.417	+3		
	−0.3	−0.1						

$\sum(9)=148.4$　　　　$\sum(3)=6.854$　　$\sum(4)=25.798$　　$\sum(15)=-0.898$

$\sum(10)=148.5$　　　　$\sum(7)=7.752$　　$\sum(8)=26.703$　　$\sum(16)=-0.905$

$\sum(9)-\sum(10)=-0.1$　　$[\sum(3)+\sum(4)]-[\sum(7)+\sum(8)]=-1.803$

　　　　　　　　　　　　$\sum(15)+\sum(16)=-1.803$

末站 $(12)=-0.1$　　　　　　　　　　$\sum(18)=-0.9015$

总视距　$\sum(9)+\sum(10)=296.9$　　　$2\sum(18)=-1.803$

三等水准测量一般采用"后—前—前—后"的观测顺序。这样的观测顺序主要是为了减小仪器下沉误差的影响。三等水准测量的计算、检核与四等水准测量相同，只是限差要求更严格一些。

课件浏览　水准测量
成果的计算

3.6　水准测量成果的计算

水准测量外业结束后即可进行内业成果的计算，计算前，必须对外业手簿进行检查，确保无误后才能进行内业成果的计算。

3.6.1　内业成果计算的基本方法

1. 高差闭合差 f_h 及其允许值 $f_{h允}$ 的计算

计算水准路线的高差闭合差 f_h 及其允许值 $f_{h允}$。

当 $|f_h| \leqslant |f_{h允}|$ 时，进行后续计算。

如果 $|f_h| > |f_{h允}|$，则说明外业成果不符合要求，不能进行内业成果的计算，需要重测。

2. 高差闭合差调整值的计算

当高差闭合差在允许范围之内时，可进行闭合差的调整。附合或闭合水准路线高差闭合差分配的原则是：将高差闭合差按测站数或距离成正比例反号平均分配到各观测高差上。

设每一测段高差调整值（也称改正数）为 v_i，则

$$v_i = -\frac{f_h}{\sum n} n_i \quad (\sum n \text{ 为测站总数}, n_i \text{ 为测段测站数}) \tag{3-14}$$

或

$$v_i = -\frac{f_h}{\sum L} L_i \quad (\sum L \text{ 为水准路线总长度}, L_i \text{ 为测段长度}) \tag{3-15}$$

高差改正数的总和应与高差闭合差大小相等，符号相反，即

$$\sum v = -f_h \tag{3-16}$$

用式（3-15）检核计算的正确性。

3. 计算改正后的高差 h_i

将各段高差观测值加上相应的高差改正数，求出各段改正后的高差，即

$$h_i = h_{i测} + v_i \tag{3-17}$$

改正后高差的总和应与理论高差相等，即

$$\sum h_i = \sum h_{理} \tag{3-18}$$

用式（3-17）检核计算的正确性。

对于支水准路线，当高差闭合差符合要求时，可按下式计算各段平均高差

$$h = \frac{h_{往} - h_{返}}{2} \tag{3-19}$$

4. 待定点高程的计算

由起始点的已知高程 $H_{始}$ 开始，逐个加上相应测段改正后的高差 h_i，即得下一点的高程 H_i。

$$H_i = H_{i-1} + h_i \tag{3-20}$$

由待定点推算得到的终点高程与已知的终点高程应该相等，即

$$H_{终} = H_{待n} + h_{n+1} = H_{终已}\qquad(3-21)$$

用式（3-20）检核计算的正确性。

3.6.2　工程案例

1. 闭合水准路线案例

某一闭合水准路线的观测成果如图 3-21 所示，试按等外等水准测量的精度要求，计算待定点 A、B、C 的高程。（$H_{BM} = 31.753$m）

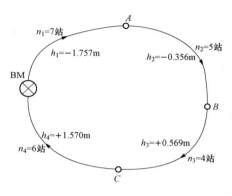

图 3-21　闭合水准路线

（1）计算高差闭合差 f_h 及其允许值 $f_{h允}$。

$$f_h = \sum h_{测} = +0.026\text{m} = +26\text{mm}$$

$$f_{h允} = \pm 12\sqrt{n} = \pm 12\sqrt{22} = \pm 56\text{mm}$$

$|f_h| \leqslant |f_{h允}|$ 可以进行高差闭合差的调整。

（2）计算各段高差改正数。按式（3-14）进行高差闭合差改正数的计算。

$$v_1 = -\frac{f_h}{\sum n}n_1 = \frac{-0.026}{22} \times 7 = -0.008\text{m}$$

$$v_2 = -\frac{f_h}{\sum n}n_2 = \frac{-0.026}{22} \times 5 = -0.006\text{m}$$

$$v_3 = -\frac{f_h}{\sum n}n_3 = \frac{-0.026}{22} \times 4 = -0.005\text{m}$$

$$v_4 = -\frac{f_h}{\sum n}n_4 = \frac{-0.026}{22} \times 6 = -0.007\text{m}$$

改正数计算校核 $\sum v = -26\text{mm} = -f_h$，计算正确。

（3）计算改正后的高差 $\hat{h}_i$。按式（3-17）计算改正后的高差 $\hat{h}_i$：

$$\hat{h}_1 = h_1 + v_1 = -1.757 - 0.008 = -1.765\text{m}$$

$$\hat{h}_2 = h_2 + v_2 = -0.356 - 0.006 = -0.362\text{m}$$

$$\hat{h}_3 = h_3 + v_3 = +0.569 - 0.005 = +0.564\text{m}$$

$$\hat{h}_4 = h_4 + v_4 = +1.570 - 0.007 = +1.563\text{m}$$

改正后高差计算校核 $\sum \hat{h} = 0 = \sum h_{理}$，计算正确。

（4）计算待定点高程。按式（3-20）计算个待定点高程：

$$H_A = H_{BM} + \hat{h}_1 = 31.753 - 1.765 = 29.988\text{m}$$

$$H_B = H_A + \hat{h}_2 = 29.988 - 0.362 = 29.626\text{m}$$

$$H_C = H_B + \hat{h}_3 = 29.626 + 0.564 = 30.190\text{m}$$

检核计算 $H_{BM算} = H_C + \hat{h}_4 = 30.190 + 1.563 = 31.753\text{m} = H_{BM已知}$，计算正确。至此计算结束。

计算步骤列于表 3-5 中。

在线测试

表 3-5 　　　　　　　　　　　　　　　　　闭合水准路线的成果计算表

点名	测站数	实测高差/m	高差改正数/m	改正后高差/m	高程/m	备注
BM	7	−1.757	−0.008	−1.765	31.753	
A					29.988	
	5	−0.356	−0.006	−0.362		
B					29.626	
	4	+0.569	−0.005	+0.564		
C					30.190	
	6	+1.570	−0.007	+1.563		
BM					31.753	
Σ	22	+0.026	−0.026	0		
辅助计算		$f_h = \sum h_{测} = +0.026\text{m} = +26\text{mm}$ $f_{h允} = \pm12\sqrt{n} = \pm12\sqrt{22} = \pm56\text{mm}$				

2. 附合水准路线案例

某一附合水准路线观测成果如图 3-22 所示，试按等外水准测量的精度要求计算待定点 1、2、3 点的高程。（$H_{BM1} = 48.000\text{m}$，$H_{BM2} = 45.869\text{m}$）

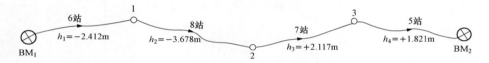

图 3-22　附合水准路线

分步计算略。

计算结果见表 3-6。

表 3-6 　　　　　　　　　　　　　　　　　附合水准路线成果计算表

点名	测站数	实测高差/m	高差改正数/m	改正后高差/m	高程/m	备注
BM1	6	−2.412	+0.005	−2.407	48.000	
1					45.593	
	8	−3.678	+0.006	−3.672		
2					41.921	
	7	+2.117	+0.006	+2.123		
3					44.044	
BM2	5	+1.821	+0.004	+1.825	45.869	
Σ	26	−2.152	+0.021	−2.131		
辅助计算		$f_h = \sum h_{测} - (H_{BM2} - H_{BM1}) = -0.021\text{m} = -21\text{mm}$ $f_{h允} = \pm12\sqrt{n} = \pm12\sqrt{26} = \pm61\text{mm}$				

3.7　水准仪的检验与校正

3.7.1　水准仪的几何轴线及其应满足的关系

如图 3-23 所示，水准仪的主要几何轴线有望远镜的视准轴（CC）、水准管轴（LL）、仪器竖轴（VV）和圆水准轴（$L_0 L_0$）。根据水准测量的原理，水准仪必须提供一条水平视线。为保证这一点，各轴线间应满足的几何条件如下：

1. 水准仪应满足的主要条件

（1）水准管轴应与望远镜的视准轴平行（$LL /\!/ CC$）。如果该项条件不满足，那么当水准管气泡居中后，水准管轴已经处于水平位置，而视准轴却未水平，这与水准测量的基本原理相违背。

（2）望远镜的视准轴不因调焦而变动位置。该项条件是为了满足第一个条件而提出的，如果望远镜在调焦时视准轴位置发生变动，就无法想象在不同位置的许多条视线都能够与一条固定不变的水准管轴平行。望远镜的调焦在水准测量中是不可避免的，因此必须提出此项要求。

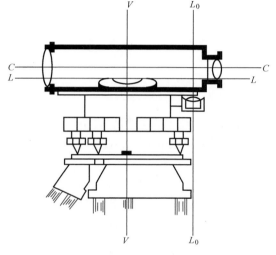

图 3-23　水准仪几何轴线关系

2. 水准仪应满足的次要条件

（1）圆水准器轴应平行于仪器竖轴（$L_0 L_0 /\!/ VV$）。满足该项条件的目的在于能迅速地整平仪器，提高作业速度。当圆水准器的气泡居中时，仪器的竖轴已经基本处于竖直状态，因此，使仪器旋转至任何位置都易于使水准管的气泡居中。

（2）十字丝横丝应垂直于仪器竖轴（横丝 $\perp VV$）。满足该项条件的目的是：如果仪器竖轴已经竖直，那么在水准尺上读数时就不必严格用十字丝的交点面，而可以用交点附近的横丝读数。

对于上述这些条件，仪器在出厂时经检验都满足了，但由于长期的使用和运输中的振动，使仪器各部分的螺钉松动，各轴线之间的关系发生了变化。所以，水准测量作业前，应对水准仪进行检验，如有问题，应该及时校正。

3.7.2　水准仪的检验和校正

1. 圆水准器轴平行于仪器竖轴的检验与校正

（1）检验原理。仪器的旋转轴与圆水准器轴为两条空间直线，它们一般并不相交。为了使问题讨论简单一些，现取它们在过两个脚螺旋连线的竖直面上的投影状况加以分析。

假设仪器竖轴与圆水准器轴不平行，它们之间有一交角 δ，那么当圆水准器气泡居中时，圆水准器轴竖直，竖轴则偏离竖直位置 δ 角，如图 3-24（a）所示。将仪器旋转 $180°$，如图 3-24（b）所示，由于仪器是以竖轴为旋转轴旋转的，而仪器的竖轴位置不变动，此时

课件浏览　水准仪的检验与校正

圆水准器轴则从竖轴的右侧转到了竖轴左侧，与铅垂线的夹角为 2δ。圆水准器气泡偏离中心位置，气泡偏离的弧长所对的圆心角即等于 2δ。

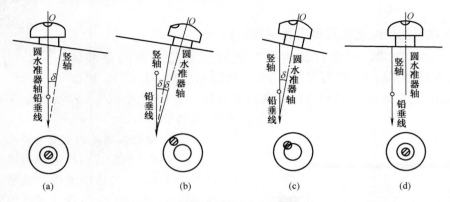

图 3-24　圆水准器检验、校正原理

（2）检验方法。安置仪器后，调节脚螺旋使圆水准器气泡居中，然后将望远镜绕竖轴旋转180°，此时，若气泡仍然居中，说明此项条件满足；若气泡偏离中心位置，说明此项条件不满足，应进行校正。

（3）校正方法。校正时，用校正针拨动圆水准器下面的三个校正螺钉（图 3-25），使气泡向居中位置移动偏离长度的一半，这时圆水准器轴与竖轴平行，如图 3-24（c）所示，然后再旋转脚螺旋使气泡居中，此时竖轴处于竖直位置，如图 3-24（d）所示。拨动三个校正螺钉时，应一松一紧，校正完毕后注意把螺钉紧固。校正必须反复数次，直到仪器转动到任何方向气泡都居中为止。

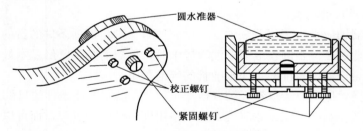

图 3-25　圆水准器校正螺钉

2. 十字丝横丝垂直于仪器竖轴的检验与校正

（1）检验原理。如果十字丝横丝不垂直于仪器的竖轴，那么当竖轴处于竖直位置时，十字丝横丝是不水平的，横丝的不同部位在水准尺上的读数不相同。

（2）检验方法。水准仪整平后，用十字丝横丝的一端瞄准与仪器等高的一固定点，如图 3-26（a）中的 M 点。固定制动螺旋，然后用微动螺旋缓缓地转动望远镜。如图 3-26（b）所示，若该点始终在十字丝横丝上移动，说明此条件满足；若该点偏离横丝，如图 3-26（c）、（d）所示，表示条件不满足，需要校正。

（3）校正方法。旋下靠目镜处的十字丝环外罩，用螺丝刀松开十字丝环的四个固定螺钉，如图 3-27 所示，按横丝倾斜的反方向转动十字丝环，使横丝与目标点重合。再进行检验，直到目标点始终在横丝上相对移动为止，最后旋紧十字丝环固定螺钉，盖好护罩。

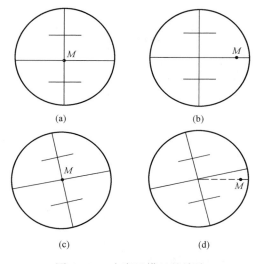

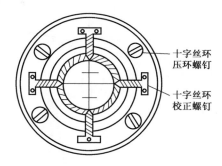

图 3-26　十字丝横丝的检验　　　　　　图 3-27　十字丝校正装置

3. 水准管轴平行于视准轴的检验与校正

望远镜的视准轴和水准管轴都是空间直线，如果它们不平行，则无论是在包含视准轴的竖直面上的投影还是在水平面上的投影，都应该是相互平行的。如果二者不平行，它们在竖直面上投影的夹角称为 i 角，该项检验称为 i 角检验，是水准仪检验的重要内容；二者在水平面上的投影不平行的误差称为交叉误差，夹角为 ϕ 角，它对水准测量的影响较小。因此，主要讨论 i 角误差的检验与校正方法。

（1）i 角误差的检验原理。i 角的检校方法很多，但基本原理是一致的。即将仪器安置在不同的点上，以测定两固定点间的两次高差来确定 i 角。若两次测得的高差相等，则 i 角为零；若两次高差不相等，则需计算 i 角，如 i 角超限，则应进行校正。

在线测试

下面介绍一种比较简单的检验和校正方法。

在地面上选定两固定点 A、B，将水准仪安置在 A、B 两点中间，测出正确高差 h_{AB}，然后将仪器移至 A 点或 B 点附近，再测高差 h'_{AB}。若 $h_{AB} = h'_{AB}$，则表明水准管轴平行视准轴，即 i 角为零；若 $h_{AB} \neq h'_{AB}$，则两轴不平行。

（2）i 角误差的检验方法。在较平坦的地面上选定相距 80～100m 的 A、B 两点，分别在 A、B 两点打入木桩，在木桩上竖立水准尺。将水准仪安置在 A、B 两点中间，使前后视距相等，如图 3-28（a）所示。精确整平仪器后，依次照准 A、B 两尺进行读数，设读数分别为 a_1，b_1，此时，因前后视距相等，所以，i 角对前、后尺读数的影响均为 x，A、B 两点间的高差为

$$h_{AB} = a_1 - b_1 = (a+x) - (b+x) = a - b \tag{3-22}$$

因抵消了 i 角误差的影响，所以，由 a_1，b_1 算出的高差即为正确高差。

用变化仪器高法测出 A、B 两点的两次高差，两次测得的高差之差小于 5mm 时，取平均值 h_{AB} 作为最后结果。

由于仪器距两尺的距离相等，从图中可见，无论水准管轴是否平行视准轴，在中点处测出的高差 h_{AB} 都是正确高差，这说明在水准测量中将仪器放在两尺间的中点处可以消除 i 角

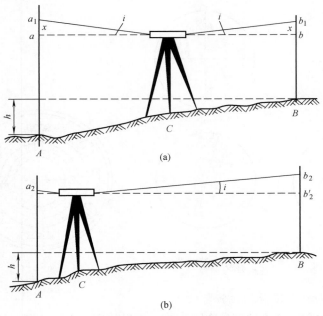

图 3-28 *i* 角误差的检验

误差的影响。

　　将水准仪搬至距离 A 点（或 B 点）2～3m 处，如图 3-28（b）所示，仪器精平后读取中丝读数 a_2 和 b_2。因为仪器离 A 点很近，*i* 角对 A 尺读数的影响很小，可以认为 a_2 即为正确读数。因此，根据 a_2 和正确高差 h_{AB} 可以计算出 B 尺视线水平时的正确读数 b_2'

$$b_2' = a_2 - h_{AB} \tag{3-23}$$

如果 $b_2' = b_2$，说明两轴平行，否则，有 *i* 角存在。

i 角值可根据下式计算

$$i = \frac{b_2 - b_2'}{D_{AB}} \rho \tag{3-24}$$

当 $i > 0$ 时，说明视准轴向上倾斜；当 $i < 0$ 时，说明视准轴向下倾斜。

规范中规定，DS_3 型水准仪的 *i* 角大于 $20''$ 时需要进行校正。

（3）*i* 角误差的校正方法。水准仪不动，转动微倾螺旋使十字丝的横丝切于 B 尺的正确读数 b_2' 处，此时视准轴处于水平位置，而水准管气泡偏离中心。用校正针先拨松水准管左右端校正螺钉，再拨动上、下两个校正螺钉，如图 3-29 所示，一松一紧，升降水准管的一端，使偏离的气泡重新居中。此项校正需反复进行，直至达到要求为止，然后将松开的校正螺钉旋紧。

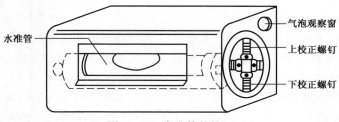

图 3-29 水准管的校正

3.8 水准测量的误差分析

课件浏览 水准测量的
误差分析

水准测量的误差来源主要有三个方面，即仪器误差、观测误差和外界条件影响。研究误差的主要目的是找出消除或减少误差的方法，以提高水准测量精度。

3.8.1 仪器误差

水准仪经检验和校正后，仍然存在误差，一方面是仪器制造误差，即仪器在制造过程中所存在的缺陷，这在仪器校正中是无法消除的；另一方面是仪器检验和校正不完善所存在的残余误差。在这些误差中，影响最大的是水准管轴不平行视准轴的误差，此项误差与仪器至立尺点的距离成正比，在测量中，如果使前、后视距离相等，在高差计算中就可消除该项误差的影响。

除了仪器误差以外，还有水准标尺零点误差的影响。该项误差包括水准尺分划不准确和零点差等。由于使用磨损等原因，水准标尺的底面与其分划零点不完全一致，其差值称为零点差。标尺零点差的影响对于测站数为偶数的水准路线是可以自行抵消的；但对于测站数为奇数的水准路线，高差中含有这种误差的影响。所以，在水准测量中，在一个测段内应使测站数为偶数。不同精度等级的水准测量对水准尺有不同的要求，精密水准测量要求用经过检定的水准尺，一般不用塔尺。

3.8.2 观测误差

1. 水准气泡居中误差

水准测量时通过水准管气泡居中来实现视线水平的条件。水准气泡居中误差是由于水准管内液体与管壁的黏滞作用和观测者眼睛分辨能力的限制，致使气泡没有严格居中而引起的误差。水准管气泡居中误差一般为 $\pm 0.15\tau$（τ 为水准管的分划值）。采用符合水准器时，气泡居中精度可提高一倍。由气泡居中误差引起的读数误差为

$$m_{\tau} = \frac{0.15\tau}{2\rho}D \quad （D \text{ 为视线长度}）\tag{3-25}$$

2. 读数误差

读数误差是观测者在水准尺上估读毫米数的误差，与人眼分辨能力、望远镜放大率以及视线长度有关。通常按下式计算

$$m_{v} = \frac{60''}{v} \times \frac{D}{\rho}\tag{3-26}$$

式中 v——望远镜放大率；

$60''$——人眼分辨的最小角度。

为保证读数精度，各等级水准测量对仪器望远镜的放大率和最大视线长度都有相应规定。

3. 水准尺倾斜产生的读数误差

水准测量时，若水准尺倾斜，在水准尺上的实际读数总比标尺垂直时正确的读数要大。如图 3-30 所示，当水准标尺的倾斜角为 α 时，其尺子上的读数为 a_1，则

$$a = a_1 \cos\alpha$$

$$\Delta a = a_1 - a = a_1(1 - \cos\alpha)$$

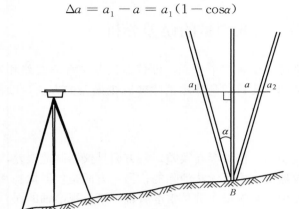

图 3 - 30   标尺倾斜对读数的影响

当尺子倾斜 2°时，会造成大约 1mm 的误差。为了减少标尺竖立不直产生的读数误差，可使用装有圆水准器的水准标尺，并注意在测量中要认真扶尺。

3.8.3   外界条件影响

1. 地球曲率和大气折光的影响

用水平视线代替大地水准面在尺子上读数产生的误差为式（2 - 9），即 $\Delta h = \dfrac{D^2}{2R}$。

实际上，由于光线的折射作用，使视线不成一条直线，而是一条曲线。靠近地面的温度较高，空气密度较稀，因此，视线离地面愈近，折射就愈大，所以，规范上规定视线必须高出地面一定的高度，视线高不低于 0.3m。曲线的曲率半径约为地球半径的 7 倍，其折光量的大小对水准尺读数产生的影响为：$r = \dfrac{D^2}{2 \times 7R}$。

地球曲率和大气折光的共同影响为

$$f = \left(1 - \frac{1}{7}\right) \times \frac{D^2}{2R} = 0.43\frac{D^2}{R} \tag{3 - 27}$$

式中 D——视线长度；

　　　　R——地球半径。

如果使前后视距相等，则由式（3 - 27）计算的 f 值相等，地球曲率和大气折光的影响将得以消除或大大地减弱。

2. 仪器和尺子的升降误差

这项误差的产生主要是由于地面松软，加上仪器、尺子和尺垫的重量以及土壤的弹性会使仪器和尺子产生下沉或者上升，造成测量的结果和实际不符。

（1）仪器下沉（或上升）所引起的误差。假设仪器下沉（或上升）的速度与时间成正比，如图 3 - 31 所示，读取后视读数 a_1 后，仪器转向前尺时下沉了 Δ，前视读数为 b_1，则有

$$h_1 = a_1 - (b_1 + \Delta)$$

为了减少该项误差的影响，可在同一测站进行第二次观测，且第二次观测先读前视读数 b_2，再读后视读数 a_2，则

$$h_2 = (a_2 + \Delta) - b_2$$

取两次高差的平均值，即

$$h = \frac{h_1 + h_2}{2} = \frac{(a_1 - b_1) + (a_2 - b_2)}{2}$$

可以消除仪器下沉对高差的影响。一般称上述操作为"后、前、前、后"的观测程序。

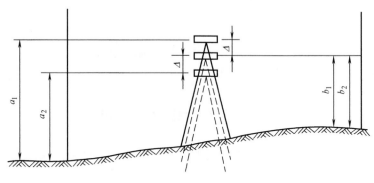

图 3-31 仪器下沉或上升

实际测量中，仪器下沉（或上升）的速度与时间并不完全成正比，因此，这种措施只能减弱而不能完全消除该项误差。同时，熟练操作仪器可以减少操作时间，从而控制该项误差的影响。

在线测试

（2）尺子下沉（或上升）引起的误差。当仪器在观测完第一站转向第二站时，前视尺变动了一个 Δ 值，如图 3-32 所示，这就造成了第二站的后视读数和第一站的前视读数的尺子零点不相同。对于同类土壤的水准路线，它们所造成的影响是系统性的。如果属于尺子下沉，则使高差增大，反之则是使高差减小。

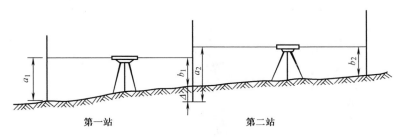

图 3-32 尺子下沉

因此，仪器必须安置在土质坚固的地面上，将脚架踩实，以提高观测精度。

3.8.4 水准测量时应注意的事项

由于误差是不可避免的，因此无法完全消除误差的影响，但可以采取一定的措施减小误差的影响，提高测量结果的精度。同时，应避免测量人员疏忽大意造成的错误。水准测量时测量人员应认真执行水准测量规范，并注意以下事项：

（1）放置仪器时，应尽量使前后视距相等。

（2）读数时符合水准管气泡必须严格居中。

（3）前后视线长度一般不超过 100m，视线离地面高度一般应大于 0.3m，使三丝都能读数。

（4）读数时，水准尺要竖直。

（5）未完成本站观测，立尺员不能将后视点上的尺垫碰动或拔起，在下一站观测完成前应保持不动。

（6）用塔尺进行水准测量时，应注意接头处连接是否正确，避免自动下滑而未被发现。

（7）记录员应大声回报观测者报出的数据，避免听错、记错，或错记前、后视读数位置。

（8）避免误把十字丝的上、下视距丝当作十字丝横丝在水准尺上读数。

（9）在光线强烈的情况下观测，必须撑伞。

3.9　电子水准仪简介

课件浏览　电子水准仪简介

我国国家计量检定规程《水准仪》中将应用光电数码技术使水准测量数据采集、处理、存储自动化的水准仪命名为电子水准仪，又叫数字水准仪。

3.9.1　电子水准仪的构造及基本原理

1. 电子水准仪的构造

如图 3-33 为我国生产的 DL—201 型电子水准仪，由望远镜、操作面板、数据处理系统和基座等组成。电子水准仪是在自动平水准仪的基础上发展起来的，它与自动安平水准仪的主要区别在于其望远镜中安置了一个由光敏二极管组成的行阵探测器（CCD 传感器），水准尺的分划采用二进制条码分划取代厘米分划。

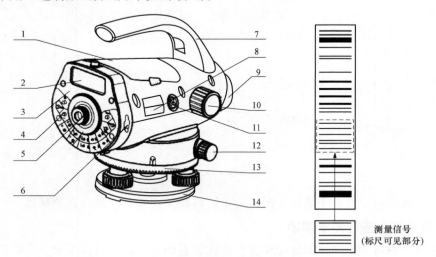

图 3-33　电子水准仪和条码水准尺

1—电池；2—显示屏；3—面板；4—按键；5—目镜对光螺旋；6—数据输出插口；
7—弹簧；8—型号标贴；9—物镜；10—物镜调焦螺旋；11—电源开关/测量键；
12—水平微动螺旋；13—水平度盘；14—基准

2. 电子水准仪的基本原理

水准尺上宽度不同的条码通过望远镜成像到像平面上的 CCD 传感器上，CCD 传感器将黑白相同的条码图像转换为模拟视频信号，再经过仪器内部的数字图像处理，可获得望远镜十字丝中丝在条码水准尺上的读数，显示在液晶显示屏上，并存储到存储器中。电子水准仪的关键技术是数字图像识别处理与编码标尺设计。

3.9.2　数字水准仪的优点

（1）读数客观。自动读数、自动存储，无任何人为的误差（读数误差、记录误差、计算误差）。

（2）精度高。实际观测时，视线高和视距读数都是采用大量条码分划图像处理后取平均得出来的，因此，削弱了标尺分划误差和外界的影响。

（3）速度快、效率高。实现自动记录、检核、处理和存储，实现了水准测量从野外数据采集到内业成果计算的内外业一体化。只需照准、调焦和按键就可以自动观测，减轻了劳动强度，与传统仪器相比可以节省 1/3 左右的测量时间。

3.9.3　电子水准仪的使用

电子水准仪有多种测量模式，即标准测量模式（包含水准测量、高程放样、高差放样和视距放样）、线路测量模式和检校模式。可以在选定的模式下进行观测。

在线测试

电子水准仪的安置、粗平方法与自动安平水准仪基本相同，只是观测时瞄准的目标是条码尺。目标瞄准后，按下测量键，即可显示测量结果。

3.9.4　电子水准仪使用时的注意事项

由于电子水准仪测量是采集标尺条形码图像并进行处理来获取读数的，因此图像采集的质量直接影响到测量成果的精度。为了提高观测成果的质量，应在测量中注意以下事项：

（1）精确调焦。精确调焦可缩短测量时间和提高测量精度。

（2）避免障碍物的影响。虽然标尺被障碍物遮挡小于 30％仍可进行测量，但会影响测量的精度，因此应尽量减少障碍物对标尺的遮挡。

（3）避免阴影和震动的影响。当标尺遇到阴影和仪器震动时测量精度会受到一定的影响，有时会不能测量，因此尽量避免此种情况的发生，安置仪器时三脚架要踩紧，轻按测量键。

（4）避免背光和逆光的影响。当标尺所处的背景比较亮而影响标尺的对比度时，仪器不能测量，应遮挡物镜端以减少背景光进入物镜；当有强光进入目镜时，仪器也不能测量，应遮挡目镜的强光。因此，观测时应打伞。若标尺反射光过强，应稍将标尺旋转以减少其反射光强度。

项 目 小 结

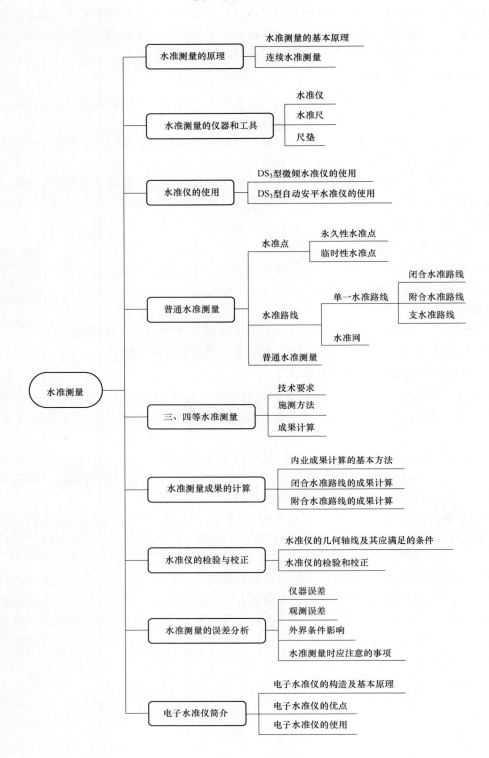

习 题

1. 绘图说明水准测量的基本原理。

2. 什么是视准轴？什么是水准管轴？

3. 什么是水准管分划值？它的大小和整平仪器的精度有什么关系？

4. 什么是视差？产生视差的原因是什么？如何消除视差？

5. 什么是转点？转点的作用是什么？

6. 水准仪的圆水准器和管水准器的作用有何不同？水准测量时，读完后视读数后转动望远镜瞄准前视尺时，圆水准气泡和符合气泡都有少许偏移（不居中），这时应如何调节仪器，才能读前视读数？

7. 图 3-34 所示为四等闭合水准路线观测成果，试按测站数调整闭合差，并计算各待定点高程。（已知 $H_{BM}=35.550\text{m}$）

8. 图 3-35 所示为四等附合水准路线观测成果，试按测站数调整闭合差，并计算各待定点高程。（已知 $H_{BM_1}=45.480\text{m}$，$H_{BM_2}=50.410\text{m}$）

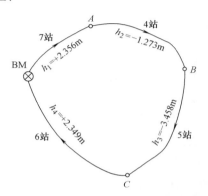

图 3-34 四等闭合水准路线观测成果

图 3-35 四等附合水准路线观测成果

9. 计算完成表 3-7 中四等水准测量外业测量成果。（$K_1=4787\text{mm}$，$K_2=4687\text{mm}$）

表 3-7　　　　　　　　　　四等水准测量外业测量成果记录表

测站编号	后尺	上丝	前尺	上丝	方向及尺号	标尺读数		K+黑一红/mm	高差中数/m	备注
		下丝		下丝		黑面	红面			
	后视距		前视距							
	视距差 d/m		$\sum d$/m							
	（1）		（5）		后	（3）	（4）	（13）		
	（2）		（6）		前	（7）	（8）	（14）	（18）	
	（9）		（10）		后一前	（15）	（16）	（17）		
	（11）		（12）							
1	1.578		1.488		后 K_1	1.448	6.235			$K_1=4787\text{mm}$
	1.317		1.228		前 K_2	1.358	6.044			$K_2=4687\text{mm}$
					后一前					

续表

测站编号	后尺	上丝	前尺	上丝	方向及尺号	标尺读数		K+黑—红/mm	高差中数/m	备注
		下丝		下丝						
	后视距		前视距			黑面	红面			
	视距差 d/m		$\sum d$/m							
2	1.488		1.351		后 K_2	1.402	6.088			
	1.317		1.198		前 K_1	1.275	6.062			
					后一前					
3	1.448		1.530		后 K_1	1.356	6.142			
	1.263		1.335		前 K_2	1.432	6.119			
					后一前					
4	1.483		1.459		后 K_2	1.390	6.078			
	1.297		1.251		前 K_1	1.356	6.141			
					后一前					
5	1.590		1.715		后 K_1	1.375	6.160			
	1.160		1.298		前 K_2	1.506	6.193			
					后一前					

$\sum (9) =$ $\sum (3) =$ $\sum (4) =$ $\sum (15) =$

$\sum (10) =$ $\sum (7) =$ $\sum (8) =$ $\sum (16) =$

$\sum (9) - \sum (10) =$ $[\sum (3) + \sum (4)] - [\sum (7) + \sum (8)] =$

$\sum (15) + \sum (16) =$

末站 (12) = $\sum (18) =$

总视距 $\sum (9) + \sum (10) =$ $2\sum (18) =$

10. 水准仪有哪些几何轴线？它们之间应满足哪些条件？其中什么是主要条件？

11. 在 DS_3 水准仪的水准管轴平行于视准轴的检验中，选择相距 80m 的 A、B 两点，仪器安置于 A、B 两点中间时，A、B 两尺的读数分别为 1.665m 和 1.249m；将水准仪搬至前视尺 B 点近旁约 3m 处，A、B 两尺的读数分别为 1.755m 和 1.352m，问该水准仪的水准管轴是否平行于视准轴？如不平行，i 角是多少？该如何校正？

12. 水准测量的误差有哪些？在测量中应如何操作才能消除或减小其对测量成果的影响？

项目4 角 度 测 量

【主要内容】

角度测量的基本原理；经纬仪的构造及使用；水平角测量；竖直角测量；经纬仪的检验和校正；角度测量误差等。

重点：角度测量的基本原理；水平角测量；竖直角测量。

难点：全圆测回法水平角测量的计算；竖直角计算公式的判断。

【学习目标】

知识目标	能力目标
（1）了解经纬仪的基本构造； （2）掌握角度测量的基本原理； （3）掌握测回法和全圆测回法水平角测量的基本步骤、记录与计算方法； （4）掌握竖直角测量的基本步骤、记录与计算方法； （5）掌握竖盘指标差的计算方法； （6）理解角度测量误差的主要来源	（1）能根据具体工程情况选择合理的水平角测量方法，正确计算出所测水平角； （2）能根据仪器找出竖直角的计算公式，正确计算出所测竖直角大小及竖盘指标差

【思政目标】

通过学习水平角测量和竖直角测量，培养学生严谨、认真、耐心的学习态度以及分析问题、解决问题的能力；通过学习角度测量误差来源，引导学生辩证地思考测量精度的重要性，启发学生的辩证思维，培养学生精益求精、勇于探索的学习精神。

4.1 角度的概念及角度测量原理

角度测量是确定地面点位的基本测量工作之一，包括水平角测量和

课件浏览 角度的概念
及角度测量原理

竖直角测量。进行角度测量的主要仪器是经纬仪和全站仪。水平角测量用于求算点的平面位置，竖直角测量用于测定高差或将倾斜距离转换成水平距离。

4.1.1 水平角的概念及其测量原理

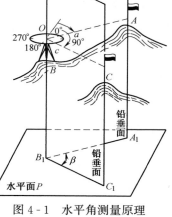

图 4-1 水平角测量原理

所谓水平角，就是空间的两条直线在水平面上的投影的夹角，也就是过两条方向线的铅垂面所夹的两面角，角值为 $0°\sim360°$。如图 4-1 所示，A、B、C 为地面三点，过 AB、BC 直线的竖直面在水平面 P 上的交线＝A_1B_1、B_1C_1 所夹的角 β，就是直线 AB 和 BC 之间的水平角。此两面角在两竖直面交线 OB_1 上任意一点可进行量测。设想在竖线 OB_1 上的 O 点放置一个按顺时针注记的全圆量角器（称为度盘），使其中心正好在竖线 OB_1 上，并成水平位置。

从 OA 竖直面与度盘的交线得一读数 a，再从 OC 竖直面与度盘的交线得另一读数 b，则 b 减 a 就是圆心角 β，即

$$\beta = b - a \qquad (4-1)$$

这个 β 角就是该两直线间的水平角。

在线测试

依据水平角的测角原理，欲测出直线间的水平角，观测用的设备必须具备两个条件：①要有一个与水平面平行的水平度盘，并要求该度盘的中心能通过操作与所测角度顶点处在一条铅垂线上。②设备上要有个能瞄准目标点的望远镜，且要求该望远镜能上下、左右转动，在转动时还能在度盘上形成投影，并通过某种方式来获取对应的投影读数，以计算水平角。经纬仪和全站仪便是按照此要求来设计和制造的，因而可以用来完成角度测量。具体使用仪器来测量角度时，首先通过对中操作将仪器安置于欲测角的顶点 B，再整平仪器，使水平度盘成水平，再利用望远镜依次照准观测目标 A、C，利用读数装置，读取各自对应的水平读数，即可测得 A、B、C 三点的在 B 点处形成的水平角 β。

4.1.2 竖直角的概念及其测量原理

竖直角是同一竖直面内照准方向线与水平方向线之间的夹角，简称竖角，也称为高度角，一般用 α 表示。视线上倾所构成的竖角为仰角，符号为正；视线下倾所构成的竖角为俯角，符号为负，角值都是 $0°\sim90°$，如图 4-2 所示。另外还有一种是目标方向与天顶方向（即铅垂线的反方向）所构成的角，称为天顶距，一般用 Z 表示，其大小为 $0°\sim180°$，没有负值。一般情况下，竖直角多指高度角。

依据竖直角的定义，测定竖直角必然也与测量水平角一样，其角值大小应是度盘上两个方向读数之差。所不同的是在测量竖直角时，两个方向中必须有一个是水平方向。由于其方向是同一的，因而在制作竖直度盘时，不论竖盘的注记方式如何，当视线水平时，都可以将水平方向的竖盘读数

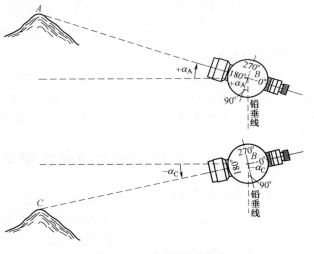

图 4-2 竖直角测量原理

注记为定值，正常状态下，注记为 $90°$ 的整数倍。由此，在具体测量某一目标方向的竖直角时，只需对视线所指向的目标点读取竖盘读数，即可计算出竖直角。

课件浏览   经纬仪

4.2 经 纬 仪

经纬仪是角度测量的主要仪器。按其结构可以分为光学经纬仪、电子经纬仪和激光经纬仪。国产经纬仪按精度分为 DJ_{07}、DJ_1、DJ_2、DJ_6、DJ_{15} 和 DJ_{60} 六个等级。"D""J"分别表示"大地测量""经纬仪"汉语拼音的第一个字母，07、1、2、6、15、60 分别表示该仪器一测回水平方向观测值中误差的最大秒值。其中 DJ_{07}、DJ_1、DJ_2 属于精密经纬仪，DJ_6、DJ_{15} 和 DJ_{60} 属于普通经纬仪。本项目主要介绍在工程测量

和地形测量中常用的 DJ_6 型经纬仪。

4.2.1　DJ_6 型光学经纬仪

1. DJ_6 型光学经纬仪的基本构造

光学经纬仪主要由基座、水平度盘、照准部三部分组成，如图 4-3 所示。

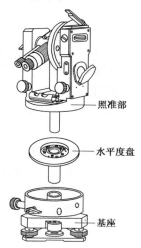

望远镜与竖盘相固连，安装在仪器的支架上，此部分通常称为仪器的照准部，属于仪器的上部结构。望远镜连同竖盘可绕横轴在竖直面内转动，望远镜的视准轴应与横轴垂直，且横轴应通过竖盘的刻划中心。照准部的竖轴（即仪器的旋转轴）插入仪器基座的轴套内，因而，照准部可绕竖轴作水平旋转。

照准部上有一管水准器，其水准轴与竖轴垂直，而与横轴平行。当水准气泡居中时，仪器的竖轴应在铅垂线方向，此时仪器处在整平状态。

水平度盘安置在水平度盘轴套外围，且不与仪器的中心旋转轴接触，此为仪器的中间部分。理论上，水平度盘平面应与竖轴垂直，竖轴应通过水平度盘的刻划中心。

仪器的照准部上安置有度盘的读数设备，当望远镜经过旋转照准目标时，视准轴由一目标转到另一目标，这时读数指标所指的水平度盘数值的变化即为两目标直线间的水平角值。

图 4-3　光学经纬仪的基本结构

仪器的下部为基座部分，主要起承托仪器的上部及与三脚架相连接的作用，以便于架设仪器和使用仪器。

光学经纬仪是采用光学度盘，借助于光学放大和光学测微器读数的一种经纬仪。图 4-4 所示为北京博飞光学仪器厂生产的 DJ_6 型光学经纬仪，其主要部件如图中所示。

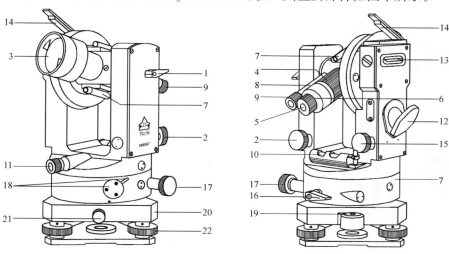

图 4-4　DJ_6 型光学经纬仪

1—望远镜制动螺旋；2—望远镜微动螺旋；3—物镜；4—物镜调焦螺旋；5—目镜；6—目镜调焦螺旋；7—光学瞄准器；
8—度盘读数显微镜；9—度盘读数显微镜调焦螺旋；10—照准部管水准器；11—光学对中器；12—度盘照明反光镜；
13—竖盘指标管水准器；14—竖盘指标管水准器观察反射镜；15—竖盘指标管水准器微动螺旋；16—水平方向制动螺旋；
17—水平方向微动螺旋；18—水平度盘变换螺旋与保护卡；19—基座圆水准器；20—基座；21—轴套固定螺旋；22—脚螺旋

一般将光学经纬仪分解为基座、水平度盘和照准部三部分。

（1）基座。基座用于支撑整个仪器，利用中心螺旋将仪器紧固在三脚架上。基座上有三个脚螺旋，一个圆水准气泡，用来粗平仪器。水平度盘旋转轴套套在竖轴套外围，拧紧轴套固定螺旋，可将仪器固定在基座上；旋松该螺旋，可将经纬仪水平度盘连同照准部从基座中拔出。经纬仪中心连接螺旋必须内空能透视，且有吊挂垂球装置，以便利用光学对中器或垂球进行仪器的对中。

（2）水平度盘。水平度盘部主要由水平度盘、度盘变换手轮等组成。水平度盘由光学玻璃刻制而成，度盘全圆周顺时针刻划 $0°\sim 360°$，最小分划值有 $60'$、$30'$、$20'$ 三种，其中，前两种用于 6″ 级仪器，而 $20'$ 的度盘则装配在 DJ_2 型经纬仪上。

在水平角测角过程中，水平度盘固定不动，不随照准部转动。为了角度计算的方便，在观测开始之前，通常将起始方向（称为零方向）的水平度盘读数配置为 $0°\sim 1°$ 之间，这就需要有控制水平度盘转动的部件。故仪器上设有控制水平度盘转动的装置，一般多采用水平度盘位置变换螺旋，也称转盘手轮，见图 4 - 4。另外，改变水平度盘的初始读数即改变其位置，也是多测回测量水平角，以提高角度测量精度的有效措施。

（3）照准部。照准部是指水平度盘之上，能绕其旋转轴旋转的全部部件的总称，它包括竖轴、U 形支架、望远镜、横轴、竖直度盘、管水准器、竖盘指标管水准器和读数装置等。

照准部在水平方向的转动，由水平制动、水平微动螺旋控制；望远镜在纵向的转动，由望远镜制动、望远镜微动螺旋控制。

竖直度盘是由光学玻璃刻制而成的，用来度量竖盘读数。竖盘指标管水准器的微倾运动由竖盘指标管水准器微动螺旋控制（新型的仪器已用竖盘指标自动补偿装置来代替此控制装置）。

照准部上的管水准器，用于精平仪器。

光学读数装置一般由读数显微镜、测微器以及光路中一系列光学棱镜和透镜组成，用来读取水平度盘和竖直度盘所测方向的读数。

光学对点器用来调节仪器，进行仪器的对中操作，使水平度盘中心与地面点处于同一铅垂线上。

2. DJ_6 型光学经纬仪的读数装置和读数方法

光学经纬仪的读数装置包括度盘、光路系统和测微器。

在线测试

水平度盘和竖直度盘上的分划线，通过一系列棱镜和透镜成像后显示在望远镜旁的读数显微镜内。DJ_6 型光学经纬仪的读数装置可以分为测微尺读数和单平板玻璃读数两种。目前，国产 DJ_6 型光学经纬仪一般用分微尺测微器读数装置，这是一种度盘分划值为 $60'$ 的测微器读数装置。所谓度盘分划值是指水平度盘上的最小分划线间的弧长所对应的圆心角。

（1）测微尺读数装置。测微尺读数装置的光路如图 4 - 5 所示。它是我国统一设计的 DJ_6 型光学经纬仪的读数系统光路图。

将水平玻璃度盘和竖直玻璃度盘均刻划平分为 360 格，每格的角度为 1°，顺时针注记。照明光线通过反光镜 1 的反射进入进光窗 2，其中，一路光线通过编号为 12、13、15、16 的光学组件将水平度盘 14 上的刻划线和注记成像在平凸镜 8 上；另一路光线通过编号为 3、

5、6、7 的光学组件将竖直度盘 4 上的刻划线和注记成像在平凸镜 8 上。在平凸镜 8 上有两个测微尺，测微尺上刻划有 60 格。仪器制造时，使度盘上一格在平凸镜 8 上成像的宽度正好等于测微尺上刻划的 60 格的宽度，因此，测微尺上一小格代表 $1'$。通过棱镜 9 的折射，两个度盘分划线的像连同测微尺上的刻划和注记可以在读数显微镜观察到。其中，10 是读数显微镜的物镜，11 是读数显微镜的目镜。读数装置大约将两个度盘的刻划和注记放大了 65 倍。

注记有"水平"（有些仪器为"Hz"或"—"）字样窗口的像是水平度盘分划线及其测微尺的像，注记有"竖直"（有些仪器为"V"或"⊥"）字样窗口的像是竖直度盘分划线及其测微尺的像。

（2）读数方法。以测微尺上的"0"分划线为读数指标，"度"数由落在测微尺上"0"分划线和"60"分划线之间的度盘分划线的注记读出。测微尺的"0"分划线与度盘上的"度"分划线之间的、小于 1° 的角度在测微尺上读出；最小读数可以估读到测微尺上 1 格的 $1/10$，即为 $0.1'$ 或 $6''$。

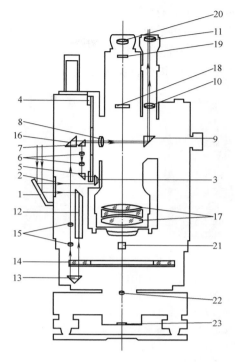

图 4-5　DJ₆ 型光学经纬仪光路图

1—度盘照明反光镜；2—度盘照明进光窗；3—度盘照明棱镜；4—竖盘；5—竖盘照准棱镜；6—竖盘显微镜；7—竖盘反光镜；8—测微尺；9—竖盘读数反光棱镜；10—读数显微镜物镜；11—读数显微镜目镜；12—水平度盘照明棱镜；13—水平度盘照准棱镜；14—水平度盘；15—水平度盘显微镜；16—水平度盘反光棱镜；17—望远镜物镜；18—望远镜调焦透镜；19—十字丝分划板；20—望远镜目镜；21—光学对点反光棱镜；22—光学对中器物镜；23—光学对中器保护玻璃

图 4-6 所示的水平度盘读数为 214°54'42″，竖直度盘读数为 79°05'30″。测微尺读数装置的读数误差为测微尺上一格的 $1/10$，即 $0.1'$ 或 $6''$。

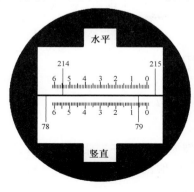

图 4-6　分微尺测微器读数窗口

4.2.2　电子经纬仪

电子经纬仪是在光学经纬仪的基础上发展起来的新一代测角仪器，它为野外数据采集自动化创造了有利条件。它的外形结构与光学经纬仪相似，其主要不同点在于测角系统。光学经纬仪采用光学度盘和目视读数，电子经纬仪的测角系统主要有三种：编码度盘测角系统、光栅度盘测角系统和动态测角系统。

1. 电子经纬仪的性能

图 4-7 为我国生产的电子经纬仪，该仪器采用光栅度盘测角系统，集光、机、电和计算技术为一体，实现了

角度测量、显示、存储等多项功能。它装有倾斜传感器，可实现竖直角度的倾斜补偿，自动范围为±3′。测角系统的最小读数为 1″，测角精度可达 2″。

图 4-8 为液晶显示窗和操作键盘，液晶显示窗可同时显示提示内容、竖直角和水平角，6 个键可发出不同指令，见表 4-1。

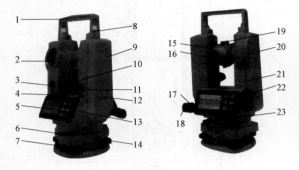

图 4-7　电子经纬仪

图 4-8　液晶显示窗和操作键盘

1—提手；2—物镜；3—测距仪接口；4—长水准管；5—显示屏；6—圆水准器；7—基座；8—提手锁紧钮；9—电池盒；10—竖直微动手轮；11—竖直止动手轮；12—仪器型号；13—面板按键；14—基座锁紧钮；15—望远镜调焦手轮；16—目镜；17—水平止动手轮；18—水平微动手轮；19—粗瞄准器；20—仪器中心标志；21—仪器号码；22—下对点器；23—手簿通信接口

表 4-1　　　　　　　　　　　　　　操作键功能表

代号	名称	无切换时	在切换状态时
1	左→右	逆时针或顺时针转动仪器为角度的增加方向	启动测距
2	角度斜度	角度斜度显示方式	平距、斜距、高差切换
3	锁定	水平角锁定	水平角复测
4	置 0	水平角置零	调整时间
5	切换	键功能切换	夜照明
6	⊙	开关、记录、确认	

电子经纬仪可与测距仪、电子手簿连机使用，配合适当的接口，将电子手簿记录的数据传计算机，实现数据处理和绘图的自动化。

课件浏览　经纬仪的
使用

4.3　经纬仪的使用

经纬仪的使用包括仪器安置、瞄准和读数三个方面。

4.3.1　经纬仪的安置

经纬仪安置程序是：打开三脚架腿螺旋，调整好脚架高度使其适合于观测者，将其安置在测站上，使架头大致水平。从仪器箱中取出经纬仪安置在三脚架头上，并旋紧连接螺旋，即可进行安置工作，即对中和整平。

1. 对中

对中的目的是使仪器的中心（竖轴）与测站点（角的顶点）位于同一铅垂线上。这是测量水平角的基本要求。对中方法有三种：垂球对中、光学对中和激光对中。

（1）垂球对中。将垂球挂在连接螺旋下面的铁钩上，调整垂球线的长度，使垂球尖接近地面点位。如果垂球中心偏离测站点较远，可以通过平移三脚架使垂球大致对准点位；如果还有偏差，可以把连接螺旋稍微松动，在架头上平移仪器来精确对准测站点，再旋紧连接螺旋即可。对中误差一般小于3mm。

（2）光学对中。使用光学对中器时应与整平仪器结合进行光学，光学对中的步骤如下：

1）张开三脚架，目估对中且使三脚架架头大致水平，架高适中。

2）将经纬仪固定在脚架上，调整对中器目镜焦距，使对中器的圆圈标志和测站点影像清晰。

3）转动仪器脚螺旋使测站点影像位于圆圈中心。

4）伸缩脚架腿使圆水准器气泡居中，然后旋转脚螺旋，通过管水准器整平仪器。

5）查看对中情况，若偏离不大可以通过平移仪器使圆圈套住测站点位，精确对中。若偏离太远，应重新调整三脚架，直到达到对中的要求为止。

（3）激光对中。激光对中的方法与光学对中的方法基本相同，不同的是激光对中的经纬仪没有光学对中器，按住仪器上的照明键几秒钟，激光束会打在地面上，在地面上可见红色的激光点，通过搬动仪器使激光点与地面点的标志重合，然后再按照光学对中的4）、5）操作即可。

安置仪器对中时需要注意以下几个方面：

1）对中后应及时固紧连接螺旋和架腿固定螺钉。

2）检查对中偏差应在规定限差要求之内。

3）在坚滑地面上设站时，应将脚架腿固定好，以防止架腿滑动。

4）在山坡上设站时，应使脚架的两个腿在下坡，一个腿在上坡，以保障仪器稳定、安全。

2. 整平

整平的目的是使仪器的水平度盘位于水平位置，仪器的竖轴位于铅垂位置。

整平分两步进行。①用脚螺旋使圆水准气泡居中，即概略整平。主要是通过伸缩脚架腿或旋转脚螺旋使圆水准气泡居中，其规律是圆水准气泡向伸高脚架腿的一侧移动，或圆水准气泡移动方向与左手大拇指和右手食指旋转脚螺旋的方向一致。②精确整平。精确整平是通过旋转脚螺旋使照准管水准器在相互垂直的两个方向上气泡都居中。精确整平的方法如图4-9所示。

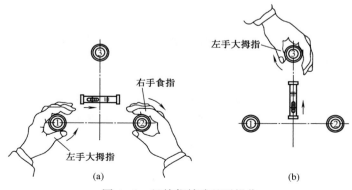

图4-9 经纬仪精确整平操作

（1）旋转仪器使照准部管水准器与任意两个脚螺旋的连线平行，用两手同时相对或相反方向转动这两个脚螺旋，使气泡居中。

（2）然后将仪器旋转 90°，使水准管与前两个脚螺旋的连线垂直，转动第三个脚螺旋，使气泡居中。如果水准管位置正确，如此反复进行数次即可达到精确整平的目的，即水准管器转到任何方向时，水准气泡居中，或偏离不超过 1 格。

4.3.2　目标瞄准

瞄准是指用望远镜十字丝中交点精确照准目标。测角时的照准标志，一般是竖立于测点的标杆、测钎、用三根竹竿悬吊垂球的线或觇牌，如图 4-10 所示。测量水平角时，用望远镜的十字丝竖丝瞄准照准标志，如图 4-11 所示。

图 4-10　照准标志　　　　　　　　　　图 4-11　目标瞄准

望远镜瞄准目标的操作步骤如下：

（1）目镜对光。松开望远镜制动螺旋和水平制动螺旋，将望远镜对向明亮的背景（如白墙、天空等，注意不要对向太阳），转动目镜使十字丝清晰。

（2）瞄准目标。用望远镜上的粗瞄器瞄准目标，旋紧制动螺旋，转动物镜调焦螺旋使目标清晰，旋转水平微动螺旋和望远镜微动螺旋，精确瞄准目标。可用十字丝纵丝的单线平分目标，也可用双线夹住目标，如图 4-11 所示。

4.3.3　读数与记录

瞄准目标后，即可读数。光学经纬仪读数时，先打开度盘照明反光镜，调整反光镜的开度和方向，使读数窗亮度适中，旋转读数显微镜的目镜，使刻划线清晰，然后读数。电子经纬仪直接在显示屏上读数。最后，将所读数据记录在角度观测手簿上相应的位置。

在线测试

4.3.4　配置度盘

配置度盘是为了减少度盘分划误差的影响和方便计算方向观测值，使起始方向（或称零方向）水平度盘读数在 0°～1°之间，或某一制定位置，称为配置度盘。

当测角精度要求较高时，往往需要在一个测站上观测几个测回，为了减弱度盘分划误差的影响，各测回起始方向的递增值 δ 的计算公式为

$$\delta = \frac{180}{n} \tag{4-2}$$

式中，n 为测回数。

4.4 水 平 角 观 测

课件浏览　水平角测量

在角度观测中，为了消除仪器的某些误差，需要用盘左和盘右两个位置进行观测。

盘左又称正镜，就是观测者对着望远镜的目镜时，竖盘在望远镜的左侧；盘右又称倒镜，是指观测者对着望远镜的目镜时，竖盘在望远镜的右侧。习惯上，将盘左和盘右观测合称为一测回观测。

常用水平角观测方法有测回法和方向观测法。

4.4.1　测回法

测回法仅适用于观测两个方向形成的单角。如图 4-12 所示，在测站点 B，需要测出 BA、BC 两方向间的水平角 β，则操作步骤如下：

（1）安置经纬仪于角度顶点 B，进行对中、整平，并在 A，C 两点立上照准标志。

（2）将仪器置为盘左位。转动照准部，利用望远镜准星初步瞄准 A 点，调节目镜和望远镜调焦螺旋，使十字丝和目标像均清晰，以消除视差。再用水平微动螺旋和竖直微动螺旋进行微调，直

图 4-12　测回法测水平角

至十字丝中点照准目标。此时，打开换盘手轮进行度盘配置，将水平度盘的方向读数配置为 $0°0'0''$ 或稍大一点，读数 a_L 并记入记录手簿，见表 4-2。松开制动扳手，顺时针转动照准部，同上操作，照准目标 C 点，读数 c_L 并记入手簿。以上称上半测回。则盘左所测水平角为

$$\beta_L = c_L - a_L$$

表 4-2　　　　　　　　　　测回法水平角观测记录表

测站	测回	竖盘位置	目标	水平度盘读数/ （° ′ ″）	半测回角值/ （° ′ ″）	一测回角值/ （° ′ ″）	各测回平均角值/ （° ′ ″）
O	1	左	A	00　02　00	65　36　13	65　36　10	65　36　12
			B	65　38　13			
		右	A	180　02　06	65　36　06		
			B	245　38　12			
	2	左	A	90　01　00	65　36　18	65　36　15	
			B	155　37　18			
		右	A	270　01　06	65　36　12		
			B	335　37　18			

（3）松开制动螺旋将仪器换为盘右位。先照准 C 目标，读数 c_R；再逆时针转动照准部，直至照准目标 A，读数 a_R。以上称下半测回。计算盘右水平角为

$$\beta_R = c_R - a_R$$

（4）计算一测回角度值。当上下半测回值之差在 $\pm 40''$ 内时，取两者的平均值作为角度

测量值；若超过此限差值，应重新观测。即一测回的水平角值为

$$\beta=\frac{\beta_L+\beta_R}{2}$$

当测角精度要求较高时，可以观测多个测回，取其平均值作为水平角测量的最后结果。为了减少度盘刻划不均匀所产生的误差，在进行不同测回观测角度时，应利用仪器上的换盘手轮装置来配置每测回的水平度盘起始读数，DJ$_6$型仪器每个测回间应按 $180°/n$ 的角度间隔值变换水平度盘位置。例如，若某角度需测四个测回，则各测回开始时其水平度盘应分别设置成略大于 $0°$、$45°$、$90°$ 和 $135°$。

4.4.2 方向法（全圆测回法）

当测站上的方向观测数在 3 个或 3 个以上时，一般采用方向观测法。如图 4-13 所示，测站点为 O 点，观测方向有 A、B、C、D 四个。为测出各方向相互之间的角值，可用全圆测回法先测出各方向值，再计算各角度值。

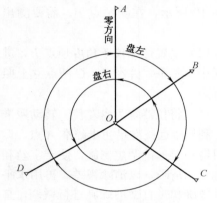

图 4-13 方向观测法
（全圆方向法观测）

在 O 点安置经纬仪，盘左位置，瞄准第一个目标十分清晰且通视好的点，此处选 A 作为第一个目标，通常称为零方向，旋紧水平制动螺旋，转动水平微动螺旋精确瞄准，转动度盘变换器使水平度盘读数略大于 $0°$，再检查望远镜是否精确瞄准，然后读数。顺时针方向旋转照准部，依次照准 B、C、D 三点，最后闭合到零方向 A（这一步骤称为"归零"）。所有读数依次序记在手簿中相应栏内（以 A 点方向为零方向的记录计算表格见表 4-3）。

纵转望远镜，逆时针方向旋转照准部 1～2 周后，精确照准零方向，读数。再逆时针方向转动照准部，按上半测回的相反次序观测 D，C，B，最后观测至零方向 A（即归零）。同样，将各方向读数值记录在手簿中（见表 4-3）。

表 4-3　　　　　　　　　　　　　全圆测回法观测记录表

测站	测回数	目标	水平度盘读数		2c	盘左盘右平均值	归零后方向值	各测回归零后平均方向值	水平角值
			盘左/ (° ′ ″)	盘右/ (° ′ ″)	″	° ′ ″	° ′ ″	° ′ ″	° ′ ″
O	1	A	0 00 06	180 00 18	−12	(0 00 16) 0 00 12	0 00 00	0 00 00	
									81 53 52
		B	81 54 06	261 54 00	+06	81 54 03	81 53 47	81 53 52	
									71 38 40
		C	153 32 48	333 32 48	0	153 32 48	153 32 32	153 32 32	
									130 33 28
		D	284 06 12	104 06 06	+06	248 06 09	284 05 53	284 06 00	
									75 54 00
		A	0 00 24	180 00 18	+06	0 00 21			

续表

测站	测回数	目标	水平度盘读数		2c	盘左盘右平均值	归零后方向值	各测回归零后平均方向值	水平角值
			盘左/ (° ′ ″)	盘右/ (° ′ ″)	″	° ′ ″	° ′ ″	° ′ ″	° ′ ″
O	2	A	90 00 12	270 00 24	−12	(90 00 21) 90 00 18	0 00 00		
		B	171 54 18	351 54 18	0	171 54 18	81 53 57		
		C	243 32 48	63 33 00	−12	243 32 54	153 32 33		
		D	14 06 24	194 06 30	−06	14 06 27	284 06 06		
		A	90 00 18	270 00 30	−12	90 00 24			

半测回中零方向有前、后两次读数，两次读数之差称为半测回归零差。若不超过限差规定，则取两次读数的平均值作为半测回零方向观测值。最后，把两个半测回的平均值相加并取平均，即计算出一测回零方向的平均方向值，并记于手簿相应栏目，如表 4 - 3 中第 7 列的 0°00′16″。

为了便于以后的计算和比较，要把每测回的起始方向值（即零方向一测回平均值）转化成 0°00′00″，即得零方向的归零值为 0°00′00″。

取同一方向两个半测回归零后的平均值，即得每个方向一测回平均方向值。当观测了多个测回后，还需计算各测回同一方向归零后的方向值之差，称为各测回方向差。该值若在规定限差内，则取各测回同一方向的方向值的平均值作为该方向的各测回平均方向值，如表 4 - 3 中第 9 列的各方向值数据。

在线测试

所需要的水平角可以由相关的两个方向观测值相减得到。按现行测量规范的规定，方向观测法的限差应符合表 4 - 4 的规定。

表 4 - 4　　　　　　　　　方向观测法的各项限差规定

经纬仪型号	半测回归零差/(″)	一测回内 2C 互差/(″)	同一方向值各测回较差/(″)
DJ$_2$	8	13	9
DJ$_6$	18	—	24

而在表 4 - 3 的计算中，两个测回的归零差分别为 6″ 和 12″，小于限差要求的 18″；B、C、D 三个方向值的两测回较差分别为 5″、4″、7″，小于限差要求的 24″。观测结果满足规范的要求。应注意：对 DJ$_6$ 型光学经纬仪，观测时不需计算 2C 差，但若使用 DJ$_2$ 型光学经纬仪观测，还需计算 2C 值，计算公式为：$2C = L - (R \pm 180°)$。2C 值是使用 DJ$_2$ 型光学经纬仪以上仪器进行观测时，其成果中的一个有限差规定的项目，但它不是以 2C 的绝对值的大小作为是否超限的标准，而是以各个方向的 2C 的变化值（即最大值与最小值之差）作为是否超限的标准。

4.4.3　水平角观测的注意事项

（1）仪器高度要和观测者的身高相适应；三脚架要踩实，仪器与脚架连接要牢固，操作仪器时不要用手扶三脚架；转动照准部和望远镜之前，应先松开制动螺旋，使用各种螺旋时用力要轻。

（2）精确对中，特别是对短边测角，对中要求应更严格。

（3）当观测目标间高低相差较大时，更应注意仪器整平。

（4）照准标志要竖直，尽可能用十字丝交点瞄准标杆或测钎底部。

（5）记录要清楚，应当场计算，发现错误，立即重测。

（6）一测回水平角观测过程中，不得再调整照准部管水准气泡，如气泡偏离中央超过 2 格时，应重新整平与对中仪器，重新观测。

4.5 竖直角测量

课件浏览　竖直角测量

4.5.1 竖盘的构造

如图 4-14 所示，经纬仪的竖盘固定在望远镜横轴一端并与望远镜连接在一起，竖盘随望远镜一起绕横轴旋转，且竖盘面垂直于横轴。

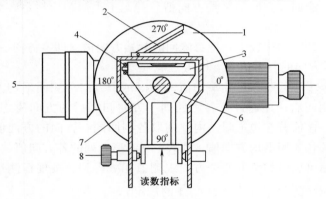

图 4-14　竖盘构造

1—竖直度盘；2—竖盘指标管水准器反射镜；3—竖盘指标管水准器；4—竖盘指标管水准器校正螺钉；
5—望远镜视准轴；6—竖盘指标管水准器支架；7—横轴；8—竖盘指标管水准器微动螺旋

竖盘读数指标与竖盘指标管水准器（或竖盘指标自动补偿装置）连接在一起，旋转竖盘管水准器微动螺旋将带动竖盘指标管水准器和竖盘读数指标一起做微小的转动。

竖盘的注记形式较多，目前常见的注记形式为全圆注记，即竖盘注记为 0°～360°，分顺时针和逆时针注记两种形式。本书只以顺时针注记的竖盘形式为例予以介绍。竖盘读数指标的正确位置是：当视线水平，望远镜处于盘左且竖盘指标管水准气泡居中时，读数窗中的竖盘读数应为 90°（有些仪器设计为 0°、180°或 270°，本书约定为 90°）。

4.5.2 竖直角和指标差的计算公式

1. 竖直角的计算公式

竖角（高度角）是在同一竖直面内目标方向与水平方向间的夹角。所以，要测定某目标的竖角，必然与测量水平角一样，也是两个方向的度盘读数之差。不过，对于任何形式的竖盘，当视线水平时，无论是盘左或是盘右，水平方向的竖盘读数都是个定值，正常状态下应为 90°的整数倍。所以，测定竖角时只需对视线指向的目标进行观测读数。

以仰角为例，只需先将望远镜放在大致水平的位置，然后观察竖盘读数，再使望远镜逐渐上倾，继续观察竖盘读数是增加还是减少，便可得出如下的竖角计算的通用公式：

（1）当望远镜视线上倾，竖盘读数增加，则竖角 α＝瞄准目标时的竖盘读数－视线水平时的竖盘读数。

（2）当望远镜视线上倾，竖盘读数减少，则竖角 α＝视线水平时的竖盘读数－瞄准目标时的竖盘读数。

现以常用的竖盘注记为顺时针方向的 DJ_6 型光学经纬仪为例来介绍竖直

在线测试

角的计算公式。

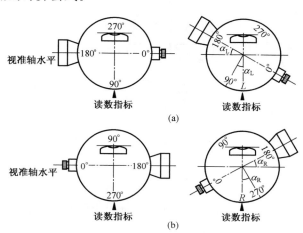

图 4-15 竖角（高度角）计算
（a）盘左；（b）盘右

如图 4-15（a）所示，望远镜为盘左位置，当视线水平，且竖盘指标管水准气泡居中时，读数窗中的竖盘读数为 90°；当望远镜抬高一个角度 α 照准目标，竖盘指标管水准气泡居中时，竖盘读数设为 L（为减少），则盘左观测的竖角为：$\alpha_L = 90° - L$。

如图 4-15（b）所示，纵转望远镜为盘右位置，当视线水平，且竖盘指标管水准气泡居中时，读数窗中的竖盘读数为 270°；当望远镜抬高一个角度 α 照准目标，竖盘指标管水准气泡居中时，竖盘读数设为 R（为增加），则盘右观测的竖角为：$\alpha_R = R - 270°$。

将盘左、盘右观测得到的竖角 α_L 和 α_R 取平均值，即得此种竖盘注记形式下的竖角 α 为

$$\alpha = \frac{1}{2}(\alpha_L + \alpha_R) = \frac{1}{2} \times [(R - L) - 180°] \tag{4-3}$$

由式（4-3）计算出的值为"＋"时，α 为仰角；为"－"时，α 为俯角。

2. 竖盘指标差的计算

当望远镜成视线水平状态，且竖盘指标管水准气泡居中时，读数窗中的竖盘读数为 90°（盘左）或 270°（盘右）的情形，称为竖盘指标管水准器和竖盘读数指标关系正确。但对于通常使用的经纬仪来讲，两者间的关系并非处于绝对的正确位置。当竖盘指标管水准器和竖盘读数指标关系不正确时，在望远镜视线水平且竖盘指标管水准气泡居中的情形下，读数窗中的竖盘读数相对于正确值 90°（盘左）或 270°（盘右）就有一个小的角度偏差 x（图 4-16），称为竖盘指标差。设所测竖角的正确值为 α，则考虑指标差 x 的竖角计算公式为

$$\alpha = 90° + x - L = \alpha_L + x \tag{4-4}$$

$$\alpha = R - (270° + x) = \alpha_R - x \tag{4-5}$$

由式（4-4）减式（4-5）即可计算出指标差 x 为

$$x = \frac{1}{2}(\alpha_R - \alpha_L) = \frac{1}{2} \times [(R + L) - 360°] \tag{4-6}$$

取盘左与盘右所测竖角的平均值，即可得到消除了指标差 x 的竖角 α。但对 DJ_6 型经纬

仪而言，其指标差 x 变化容许值不得大于 $25''$。

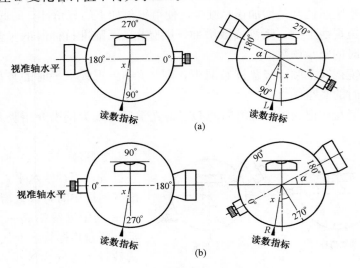

图 4 - 16　有指标差 x 的竖角计算

(a) 盘左；(b) 盘右

4.5.3　竖直角的观测、记录与计算

竖直角观测时，应用横丝瞄准目标的特定位置，如标杆的顶部或标尺上的某一位置。地面目标直线的竖直角一般用测回法观测，竖直角观测的操作程序如下：

（1）在测站点上安置好经纬仪，对中、整平，并用小钢尺量出仪器高。仪器高是测站点标志顶部到经纬仪横轴中心的垂直距离。

（2）盘左瞄准目标，使十字丝横丝切于目标某一位置，旋转竖盘指标管水准器微动螺旋使竖盘指标管水准气泡居中，读取竖直度盘读数。将数据记录于手簿，计算盘左竖角

$$\alpha_L = 90° - L$$

（3）盘右瞄准目标，使十字丝横丝切于目标同一位置，旋转竖盘指标管水准器微动螺旋使竖盘指标管水准气泡居中，读取竖直度盘读数。将数据记录于手簿，计算盘右竖角

$$\alpha_R = R - 270°$$

（4）当指标差 x 变化值在规定的限差内时，计算竖角的一测回值为

$$\alpha = \frac{1}{2}(\alpha_L + \alpha_R) = \frac{1}{2} \times [(R - L) - 180°]$$

竖直角的记录计算见表 4 - 5。

表 4 - 5　　　　　　　　　　**竖 直 角 观 测 手 簿**

测　站	目　标	竖盘位置	竖盘读数 /(° ′ ″)	半测回竖直角 /(° ′ ″)	指标差/(″)	一测回竖直角 /(° ′ ″)
	B	左	81　18　42	＋8　41　18	＋6	＋8　41　24
		右	278　41　30	＋8　41　30		
A	C	左	124　03　30	−34　03　30	＋12	−34　03　18
		右	235　56　54	−34　03　06		

4.5.4　竖盘指标自动归零补偿器

目前，国产的光学经纬仪中有些采用了竖盘指标自动归零装置，以替代竖盘指标管水准器整平装置。所谓自动归零装置，即当经纬仪有微量的倾斜时（即仪器竖轴偏离铅垂线的角度必须在一定范围内时），该装置可以自动的调整光路，使竖盘读数为水准管气泡居中时的正确读数。正常情况下，此时的指标差为零。竖盘指标自动归零补偿器可以显著地提高竖盘读数的速度。

竖盘指标自动归零补偿器的构造形式有多种，图4-17所示为其中的一种。它是在读数指标 A 和竖盘之间悬吊一组光学透镜，当仪器竖轴铅垂、视准轴水平时，读数指标 A 处于铅垂位置，通过补偿器读出竖盘的正确读数为 $90°$。当仪器竖轴稍有倾斜，视准轴仍然水平时，因无竖盘指标管水准器及其微动螺旋可以调整，读数指标 A 偏斜到 A' 处，而悬吊的透镜因重力的作用由 A' 移动到 A 处，此时，由 A 处的读数指标，通过 A' 处的透镜，仍能读出正确读数 $90°$，达到竖盘指标自动归零补偿的作用。

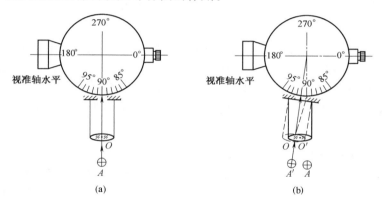

图4-17　光学自动归零补偿器

现行的测量规范规定，对于 DJ$_6$ 级光学经纬仪，竖盘指标自动归零补偿器的补偿范围为 $±2'$，安平中误差为 $±1''$。

4.6　经纬仪的检验与校正

4.6.1　经纬仪轴线及应满足的几何条件

1. 水平角观测对经纬仪的要求

从测角原理及仪器的构造来看，要使所测的角度达到规定的精度，经纬仪的主要轴线和平面之间，务必满足水平角观测所提出的条件。如图4-18所示，经纬仪的主要轴线有：视准轴（CC）、照准部水准管轴（LL）、竖轴（VV）和横轴（HH）。此外还有望远镜的十字丝横丝。根据水平角的定义，仪器在水平角测量时应满足如下条件：

（1）竖轴必须竖直。

（2）水平度盘必须水平，其度盘分划中心应在竖轴上。

（3）望远镜上下转动时，视准轴形成的视准面必须是竖直面。

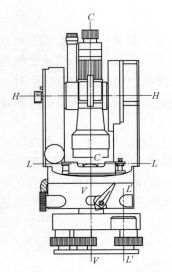

图 4-18　经纬仪的主要轴线

2. 经纬仪满足的几何条件

基于以上测角对仪器的要求，仪器厂在装配仪器时，已使水平度盘与竖轴成相互垂直关系，因而，只要竖轴竖直，水平度盘即可水平。而竖轴的竖直是利用照准部的管水准器气泡居中，即水准管轴水平来实现的。所以，上述的（1）、（2）两项要求可由照准部水准管轴应与竖轴垂直来保证。

对视准面必须竖直的要求，实际上是由两个条件来保证的。首先，视准面必须是平面，即要求视准轴应垂直于横轴；其次，视准面必须是竖直的平面，即要求横轴还必须水平，必须垂直于竖轴。

综上所述，经纬仪理论上应满足如下条件：

（1）照准部水准管轴应垂直于竖轴。

（2）视准轴应垂直于横轴。

（3）横轴应垂直于竖轴。

（4）用以瞄准的十字丝竖丝应垂直于横轴。

（5）当竖直度盘指标水准管气泡居中时，若视线水平，其水平方向的竖盘读数应为 90° 的整数倍，即在观测竖角时，竖盘指标差应在规定的范围内。

除此之外，为了保证光学对中的精度，还应满足光学对中器的视准轴应与竖轴重合的条件。

4.6.2　经纬仪的检验与校正

仪器在长期的使用和搬运过程中，其轴系间的关系会发生变动，为此，在利用经纬仪进行角度观测之前，务必查明仪器的各轴系是否满足上述的条件，若不满足，则应通过调校使其满足。前一工作称为仪器的检验，后一工作称为仪器的校正。通常，对经纬仪需作如下的检验和校正。

1. 照准部水准管轴应垂直于竖轴的检验和校正

（1）检验。首先将仪器大致整平，旋转照准部使其水准管与任意两个脚螺旋的连线平行，调整此两个脚螺旋使气泡居中；然后将照准部旋转180°，若气泡仍然居中，则说明该项条件满足，否则应进行仪器校正。

检验原理如图 4-19 所示。若水准管轴与竖轴不垂直，倾斜了 α 角，那么，当气泡居中时竖轴也就倾斜了 α 角，如图 4-19（a）所示。

照准部旋转180°之后，仪器竖轴方向不变，如图 4-19（b）所示。可见，此时水准管轴和水平线相差 2α 角，即气泡偏离正中的格数是 2α 角的反映。

（2）校正。当水准管轴垂直于竖轴的条件不满足时，仪器应校正。校正的目的是使水准管轴与竖轴垂直。校正时先用校正针拨动水准管一端的校正螺钉，使气泡向正中间位置退回一半，如图 4-19（c）所示；然后，再用脚螺旋使气泡居中即可，如图 4-19（d）所示。此检验和校正须反复进行，直到满足条件为止。

2. 十字丝竖丝应垂直于横轴的检验和校正

（1）检验。用十字丝竖丝精确瞄准远处一清晰目标点，旋转望远镜微动螺旋，使望远镜绕横轴上下转动，若目标点始终在竖丝上移动则条件满足，否则应进行校正。

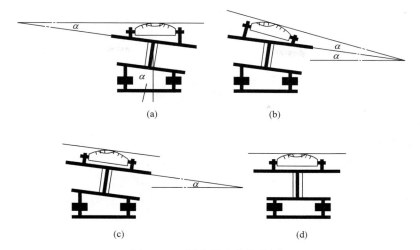

图 4 - 19　照准部水准管检原理

（2）校正。校正时，卸下目镜端的十字丝分划板护罩，松开四个压环螺钉（图 4 - 20），缓慢转动十字丝，直到望远镜微动螺旋旋动时，目标点始终在十字丝竖丝上移动为止。最后应旋紧四个压环螺钉，并盖上分划板护罩。

3. 视准轴应垂直于横轴的检验和校正

视准轴不垂直于横轴时，其偏离垂直位置的角值 C 称为视准轴误差或照准差。视准轴误差 C 对水平位置目标的影响 $x_C = C$，且盘左、盘右的 x_C 绝对值相等而符号相反，此时横轴不水平的影响 $x_i = 0$。虽然取盘左、盘右观测值的平均值可以消除同一方向观测的照准差，但 C 过大不便于方向值的计算。所以，对于 DJ_6 型经纬仪，若 C 不超过 $\pm 10''$，则认为视准轴垂直于横轴的条件是满足的，否则应进行校正。其检验和校正的方法如下：

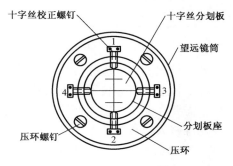

图 4 - 20　十字丝分划板

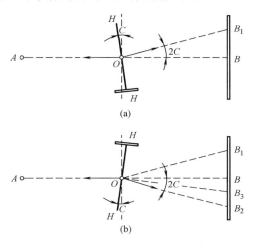

图 4 - 21　视准轴检验

（1）检验。如图 4 - 21 所示，在一平坦场地上，选择相距约 100m 的 A，B 两点，安置仪器于 AB 连线的中点 O，在 A 点设置一个与仪器高度相等的标志，在 B 点与仪器高度相等的位置横置一把刻有 mm 分划的直尺，并使其垂直于直线 AB。先盘左瞄准 A 点标志，固定照准部，然后倒转望远镜，在 B 尺上读得读数为 B_1，如图 4 - 21（a）所示；再盘右瞄准 A 点标志，固定照准部，然后倒转望远镜，在 B 尺上读得读数为 B_2，如图 4 - 21（b）所示。若 $B_1 = B_2$，则说明视准轴垂直于横轴，否则应校正仪器。

（2）校正。校正时，由 B_2 点向 B_1 点量取 B_1B_2 长度的 1/4 得到 B_3 点，此时 OB_3 便垂直于

横轴 HH，如图 4-21（b）所示，用校正针拨动十字丝环的左右一对校正螺钉（图 4-20），先松开其中一个校正螺钉，后旋紧另一个校正螺钉，使十字丝交点与 B_3 重合。完成校正后，应重复上述的检验操作，直至满足要求为止。

4. 横轴应垂直于竖轴的检验和校正

横轴不垂直于竖轴时，其偏离垂直位置的角值 i 称为横轴误差。对于 DJ_6 型经纬仪，i 角不超过 $\pm 20''$，否则应校正。

（1）检验。如图 4-22 所示，在一面高墙上固定一个清晰的照准标志 P，在距离墙面 20

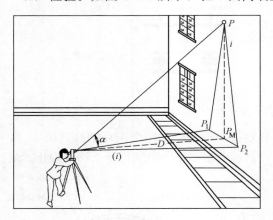

图 4-22　横轴检验

~30m 的位置安置经纬仪（一般要求瞄准目标的仰角超过 30°），盘左瞄准 P 点，固定照准部，然后旋转望远镜微动螺旋使视准轴水平，在墙面上定出一点 P_1；纵转望远镜使其为盘右置，瞄准 P 点，然后旋转望远镜微动螺旋使视准轴水平，在墙面上定出一点 P_2。量取 P_1P_2 的距离为 S，量取测站至 P 点的水平距离为 D，并用经纬仪观测 P 点的竖直角一测回，其值为 α。即可依据公式计算出横轴误差 i 为

$$i = \frac{S\cot\alpha}{2D}\rho''$$

若计算出的 i 角超过 $\pm 20''$，则必须对仪器进行校正。

（2）校正。打开仪器的支架护盖，调整偏心轴承环，抬高或降低横轴一端使 $i=0$。该项校正需要在无尘的室内环境中使用专用的平行光管进行操作。当用户不具备条件时，一般交专业维修人员校正。

5. 竖盘指标差的检验和校正

（1）检验。安置好仪器，用盘左、盘右观测某个清晰目标的竖直角一测回（注意：每次读数之前，务必使竖盘指标水准管气泡居中，或打开竖盘指标自动归零补偿器进行补偿），根据式（4-5）计算出指标差 x 为：

$$x = \frac{1}{2}(\alpha_R - \alpha_L) = \frac{1}{2}(R+L) - 180°$$

若指标差 x 超过规定的限差，则应校正。对 DJ_6 型经纬仪，其指标差 x 的变化容许值不得大于 $25''$。

（2）校正。校正时，先计算出消除了指标差 x 的盘右的竖盘读数为 $R-x$，然后旋转竖盘指标水准管微动螺旋，使竖盘读数为 $R-x$。此时，竖盘指标水准管气泡必不居中，用校正针拨动竖盘指标管水准器的校正螺钉，使气泡居中。该项校正应反复进行，直至达到规定的限差要求。

在线测试

6. 光学对中器的检验和校正

（1）检验。在地面上放置一张白纸，在白纸上画一"十"字形的标志 P，以 P 点为对中标志，安置好经纬仪，将照准部旋转 $180°$。如果 P 点的像偏离了对中器分划板中心而对准了 P 点旁边的另一点 P'，则说明对中器的视准轴与竖轴不重合，需要校正。

（2）校正。校正时，用直尺在白纸上定出 P、P' 两点的中心 O，转动对中器的校正螺钉

使对中器分划板的中心对准 O 点。图 4-23 所示为位于照准部支架间的圆形护盖下的校正螺钉，松开护盖上的两颗固定螺钉，取下护盖即可看见校正螺钉。调节螺钉 2 可使分划圈中心前后移动，调节螺钉 1 可使分划圈中心左右移动。调整时，直至分划圈中心与 P 点重合为止。

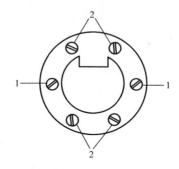

图 4-23　光学对中器的校正螺钉

4.7　角度测量的误差分析

课件浏览　角度测量的
误差分析

角度测量误差可分为仪器误差、对中误差与目标偏心误差、照准误差和外界条件的影响四个方面。

4.7.1　仪器误差

仪器误差主要指仪器校正不完善而产生的误差，主要有视准轴误差、横轴误差和竖轴误差。在此特别说明，分析其中任何一项误差时，均假定其他误差为零。

1. 视准轴误差

视准轴 CC 不垂直于横轴 HH 时，视准轴偏离正确位置的角值偏差称为视准轴误差，记为 C。此时，视准轴绕横轴旋转一周将扫出两个圆锥面。如图 4-24 所示，盘左瞄准目标点 P，水平度盘读数为 L [图 4-24（a）]，因水平度盘为顺时针注记，故正确读数应为 $\tilde{L}=L+C$；纵转望远镜成盘右位置 [图 4-24（b）]，瞄准目标点 P，其相应的水平度盘读数为 R，则正确读数应为 $\tilde{R}=R-C$ [图 4-24（c）]。盘左、盘右方向观测值取平均值为

$$\overline{L}=\tilde{L}+(\tilde{R}\pm180°)=L+C+R-C\pm180°=L+R\pm180°$$

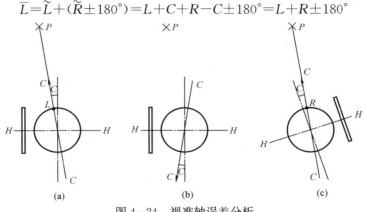

(a)　　　　　　　　　　(b)　　　　　　　　　　(c)

图 4-24　视准轴误差分析

71

上式说明，盘左、盘右方向观测值取平均值可以消除视准轴误差的影响。

2. **横轴误差**

横轴不垂直于竖轴时，其偏离垂直位置的角值 i 称为横轴误差。当竖轴铅垂时，横轴与水平面的夹角为 i。假设视准轴已经垂直于横轴，此时视准轴绕横轴旋转一周将扫出一个与铅垂面成 i 角的平面。

如图 4-25 所示，当视准轴水平时，盘左瞄准 P_1' 点，然后将望远镜抬高一个竖直角 α。当 $i=0$ 时，瞄准的是 P' 点，视线扫过的平面是一个铅垂面；当 $i\neq0$ 时，瞄准的是 P 点，视线扫过的平面是与铅垂面成夹角 i 的倾斜平面。设 i 角对水平方向观测的影响为 x_i，考虑到 i 和 x_i 都很小，由三角几何原理可推算出如下公式

$$x_i = i\tan\alpha$$

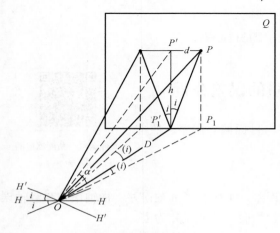

图 4-25　横轴倾斜误差分析

现规定：盘左时，横轴左端低于另一端时的 i 角为正，高于另一端时的 i 角为负。对于同一目标，当竖轴竖直时，在盘左、盘右下，横轴误差对水平方向观测值的影响值 x_i 的绝对值相等而符号相反，且与竖直角 α 有关，α 越大，x_i 越大；$\alpha=0$ 时，$x_i=0$，即对水平位置的目标，即使横轴不水平，横轴误差对水平方向的角度观测也没有影响。对于其他不是水平方向的观测目标，其影响值可以取盘左、盘右读数的平均值的方法来抵消。所以，盘左、盘右方向观测值取平均值也可以消除横轴倾斜误差对水平方向观测读数的影响。

4.7.2　仪器工具安置误差

1. **仪器对中误差**

如图 4-26 所示，设 B 为测站点，安置仪器时实际对中到了 B' 点，偏距为 e（即对中误差），偏距方向与后视方向间的夹角为 θ，B 点的正确水平角为 β，实际观测的水平角为 β'，则对中误差 e 对水平角观测的影响为

$$\varepsilon'' = \varepsilon''_1 + \varepsilon''_2 = \rho''e \cdot \left[\frac{\sin\theta}{D_1} + \frac{\sin(\beta'-\theta)}{D_2}\right]$$

由上式可知，当 $\beta'=180°$，$\theta=90°$ 时，ε'' 取最大值为：$\varepsilon'' = \rho''e \cdot \left(\dfrac{1}{D_1}+\dfrac{1}{D_2}\right)$。

设 $e=3mm$，$D_1=D_2=100m$，则可得：$\varepsilon''=12.4''$。可见，对中误差对水平角观测的影响是很大的，且观测方向的边长越短，其影响越大。

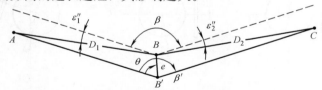

图 4-26　仪器对中误差分析

2. 目标偏心误差

目标偏心误差是指照准点上所竖立的目标（如标杆等）与地面点的标志中心不在同一铅垂线上所引起的水平方向的观测误差，如图 4-27 所示。其对水平方向观测的影响为

$$\delta'' = \frac{e_1 \sin\theta_1}{S} \rho''$$

由上式可知，当 $\theta_1 = 90°$ 时，δ'' 取最大值。即与瞄准方向垂直的目标偏心对水平方向观测的影响最大。

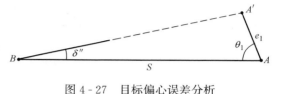

图 4-27　目标偏心误差分析

为了减小目标偏心对水平方向观测的影响，作为照准标志的标杆应垂直，且照准目标时应尽量照准标杆的底部。

4.7.3　观测误差

观测误差主要有照准误差和读数误差，这两项误差纯属观测本身的误差。

1. 照准误差

影响照准精度的主要因素有：望远镜的放大率、目标与照准标志的形状以及人眼的分辨能力、目标影像的亮度和清晰度等。若只考虑望远镜放大率这一因素，则通过望远镜的照准误差为

$$d\beta'' = \frac{p''}{v}$$

式中　p''——人眼在理想状态下（目标的亮度适宜，清晰度也很好）瞄准的分辨能力；

　　　v——望远镜的放大率。

由于外界条件及其他因素的影响，$d\beta''$ 一般将增大一定的倍数 k，即

$$d\beta'' = \frac{kp''}{v}$$

当野外观测目标的亮度适宜，影像稳定时，取 $k=1.5$。

在线测试

2. 读数误差

读数误差主要取决于仪器的读数设备。对于带分微尺测微器的 DJ_6 型光学经纬仪来说，估读的极限误差可以不超过分划值的 1/10，即不超过 6″。如果照明情况不佳，显微镜的目镜没有调好焦距，以及观测者的技术不熟练，估读的极限误差则可能大大超过 6″。

4.7.4　外界条件影响

外界条件的影响很多，主要是指松软土壤或风力影响仪器的稳定；日晒和环境温度的变化引起管水准气泡的移动和视准轴的变化；太阳照射地面产生热辐射引起大气层密度变化带来目标影像的跳动；大气透明度低时目标成像不清晰；视线太靠近建筑物时引起的旁折光等。这些因素均会使测角的精度受到影响，即给角度测量带来误差。要完全避免这些影响是不可能的，只能够在工作时，尽量选择有利的观测时间和地点，以避开不利的观测外界条件，这样就可以将这些外界条件对测角的影响降到较小的程度，以提高观测精度。

项 目 小 结

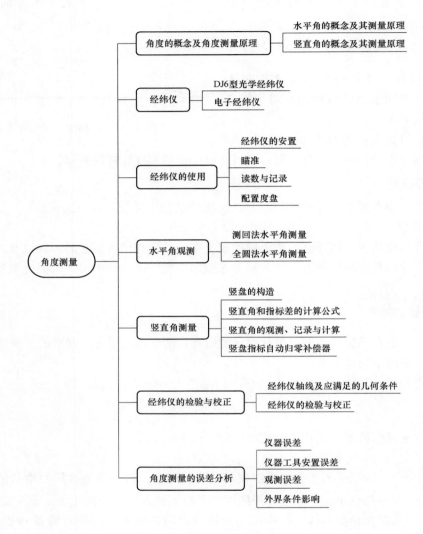

习 题

1. 何谓水平角？试述用经纬仪测量水平角的原理，绘图说明。

2. 何谓竖直角？为什么测竖直角时只需瞄准一个目标？

3. 用经纬仪测角时，若照准同一竖直面内不同高度的两目标点，其水平度盘读数是否相同？若经纬仪架设高度不同，照准同一目标点，该点的竖直角是否相同？

4. 经纬仪的构造有哪几个主要部分，它们各起什么作用？

5. 经纬仪上有几对制动、微动螺旋？它们各起什么作用？如何正确使用经纬仪？

6. 经纬仪上的管水准器和圆水准器各有何作用？它们各自的水准轴在何位置？

7. 何谓水平度盘分划值？在经纬仪中，常用的度盘分划一般有哪几种？各适用于哪类型的仪器？

8. 安置经纬仪时，对中和整平的目的是什么？若用光学对中器应如何进行？

9. 测回法适用于什么情况？试说明测回法的观测步骤。

10. 试述用方向观测法观测水平角的步骤。如何进行记录、计算？有哪些限差规定？

11. 水平角方向观测法中的 $2C$ 有何含义？为什么要计算 $2C$ 并检核其互差？

12. 何谓竖盘指标差？如何计算和检验竖盘指标差？

13. 试完成下列水平角观测记录（表 4-6、表 4-7）。

表 4-6　　　　　　　　　　　　　测回法观测记录表

测站	测回数	垂直度盘位置	目标	度盘读数 /(° ′ ″)	半测回角值 /(° ′ ″)	一测回角值 /(° ′ ″)	各测回平均角值 /(° ′ ″)
O	1	左	A	0　00　06			
			B	148　36　18			
		右	A	180　00　12			
			B	328　36　30			
	2	左	A	90　01　12			
			B	238　37　30			
		右	A	270　01　18			
			B	58　37　24			

表 4-7　　　　　　　　　　　　　全圆测回法观测记录表

测站	测回数	目标	水平度盘读数 盘左/(° ′ ″)	水平度盘读数 盘右/(° ′ ″)	2C /(″)	平均读数 /(° ′ ″)	归零方向值 /(° ′ ″)	各测回平均归零方向值/(° ′ ″)
O	1	A	0　01　06	180　01　12				
		B	72　15　24	252　15　48				
		C	117　38　42	297　39　06				
		D	195　29　06	15　29　12				
		A	0　01　06	180　01　18				
	2	A	90　01　12	270　01　12				
		B	162　15　54	342　16　06				
		C	207　39　24	27　39　30				
		D	285　29　42	105　29　48				
		A	90　01　06	270　01　12				

14. 有一台经纬仪，望远镜视线水平时，竖直度盘的读数为 $90°$，当望远镜上倾观测时，竖直度盘的读数增大，根据表 4-8 记录，计算竖直角和竖盘指标差。

表 4 - 8 竖直角观测记录表

测 站	目 标	盘 位	竖盘读数 /(° ′ ″)	半测回角值 /(° ′ ″)	一测回角值 /(° ′ ″)	备 注
O	M	左	93 17 18			
		右	266 42 36			
	N	左	84 25 06			
		右	275 35 12			

15. 根据水平角观测原理，经纬仪应满足哪些条件？如何检验这些条件是否满足？怎么进行校正？其检验校正的次序是否可以变动？为什么？

16. 经纬仪测角时，用盘左盘右两个位置观测同一角度，能消除哪些误差对水平角观测成果的影响？

17. 影响水平角观测精度的因素有哪些？如何防止、消除或减小这些因素的影响？

18. 试述水平角观测中的照准误差与目标偏心误差有什么区别。

19. 观测时以标杆为水平角的照准标志。经检查，在距离地面 2m 高处标杆中心偏离地面标志的误差为 20mm。水平角观测时望远镜照准点距离地面 0.5m。若测站距标杆 300m，试求此目标偏心对水平方向的最大影响值。

20. 对某经纬仪检验得知：在盘左时视准轴不垂直于横轴的误差为 $C=+15''$，若用该仪器观测一竖直角为 $+10°$ 的目标 A，则读数中含有多大的误差？如果不考虑其他误差的影响，用测回法观测目标 A 时，其半测回间方向读数差为多少？

21. 在检验视准轴与横轴是否垂直时，为什么要使目标与仪器大致同高？而检验横轴与竖轴是否垂直时，为什么要使瞄准目标的仰角超过 30°？

项目 5 距 离 测 量

【主要内容】

直线定线的概念和方法；水平距离的概念；距离测量的方法，包括钢尺量距、视距量距和光电量距。

重点：直线定线；钢尺量距；光电测距。

难点：全站仪使用。

【学习目标】

知识目标	能力目标
(1) 掌握水平距离的概念； (2) 掌握钢尺量距的一般方法和精密量距； (3) 掌握直线定线的概念和方法； (4) 掌握视距测量的基本原理和施测方法； (5) 了解光电测距的基本原理； (6) 掌握光电测距仪的使用	(1) 能根据工地实际情况选用钢尺量距方法； (2) 能根据工地实际情况选用视距测距方法； (3) 能根据工地实际情况选用视距测距方法； (4) 能根据工地实际情况选用光电测距方法

【思政目标】

通过学习不同的距离测量方法，培养学生精雕细琢、精益求精的工匠精神，秉持以工匠态度打造追求卓越的核心理念，成就高质量的测量成果，坚定严谨细心、积极向上、积极探索真知的学习态度。

距离测量是测量的三项基本工作之一。所谓两点间的距离是指地面上两点在水平面上的投影之间的直线距离。在实际工作中，需要测定距离的两点一般不在同一水平面上。因此，沿地面测量所得的距离是倾斜距离，需要将其换算成水平距离。根据不同的精度要求，距离测量应采用不同的方法，最常用的有：钢尺量距、视距测量和光电测距。

5.1 直 线 定 线

课件浏览 直线定线

在用钢尺进行距离测量时，当测量的距离超过一整尺长度，或地面起伏较大时，要在直线方向上标定一些点，将全长分成几个等于或小于尺长的分段，以便分段测量，此项工作称为直线定线。常用的方法有：标杆定线、拉线定线和经纬仪定线。

1. 标杆定线

在直线的两端点 A、B 上竖立标杆，甲立于 A 点之后约 1m 处瞄准立于 B 点上的标杆，瞄准时视线切标杆同一侧边缘，通过手势指挥乙将标定处的标杆左右移动，使三根标杆同一侧位于同一视线上，然后在地面上标定下来，如图 5-1 所示。

2. 拉线定线

在直线的两端点间拉一细绳，沿着细绳定出各中间点。

3. 经纬仪定线

当量距精度要求较高时，应采用经纬仪定线法。在端点 B 处竖立标杆，在端点 A 处安置经纬仪，用望远镜瞄准 B 点，固定照准部制动螺旋，然后将望远镜向下俯视，将十字丝交点投到木桩上，并钉一小钉确定出中间点的位置，如图 5-2 所示。

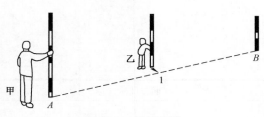

图 5-1　标杆定线

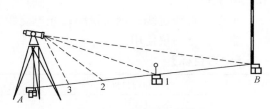

图 5-2　经纬仪定线

5.2　钢　尺　量　距

5.2.1　丈量工具

钢尺量距的工具为钢尺，辅助工具有标杆、测钎、垂球等。

1. 钢尺

钢尺是用薄钢片制成的带状尺，卷在金属架上或金属圆盒内，故又称钢卷尺。如图 5-3 所示，尺宽约 10～15mm，长度有 20m、30m 和 50m 等几种。根据尺的零点位置不同，有端点尺和刻线尺之分。端点尺以尺的最外端为尺的零点，刻线尺以尺前端的第一个刻线为尺的零点，如图 5-4 所示。钢尺的刻划方式有多种，目前使用较多的为全尺刻有毫米分划，在厘米、分米、米处有数字标注。

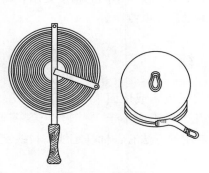

图 5-3　钢卷尺

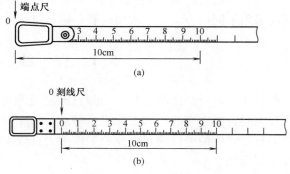

图 5-4　端点尺和刻线尺

钢尺的优点：钢尺抗拉强度高，不易拉伸，所以量距精度较高，在工程测量中常用钢尺量距。

钢尺的缺点：钢尺性脆，易折断，易生锈，使用时要避免扭折、防止受潮。

2. 标杆

标杆用木料或合金材料制成，直径约 3cm，全长有 2m 和 3m 等几种。杆上有红、白相间为 20cm 长的色段，标杆下端装有尖头铁脚，以便插入地面，如图 5-5 所示。标杆用于标定直线。

3. 测钎

测钎用钢筋制成，上部弯成小圈，下部尖形。直径 3～6mm，长度 30～40cm，用于标定尺段位置和记取整尺段数，如图 5-6 所示。

4. 垂球

当地面起伏或坡度较大时用于投点，如图 5-7 所示。

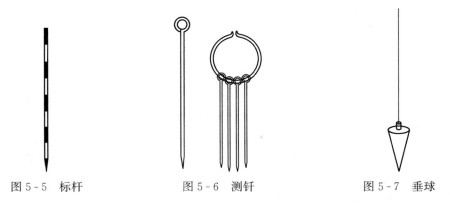

图 5-5　标杆　　　　　　图 5-6　测钎　　　　　　图 5-7　垂球

5.2.2　钢尺量距的一般方法

1. 平坦地面的丈量方法

在完成了直线定线的工作之后，从起点至终点沿地面逐个量出整尺段的个数和不足一整尺长度的余长。则水平距离按以下公式计算

$$D=nl+q \qquad (5-1)$$

式中　n——整尺段数；

　　　l——钢尺长度；

　　　q——不足一整尺的余长。

为了防止测量错误和检核量距的精度，一般要往、返各丈量一次。从终点到起点按相同的方法进行返测。往返测距离之差 $|\Delta D|$ 与往返测距离平均值 $D_{平均}$ 之比，转化为分子为 1 的分数形式，称为相对误差，用 K 表示。当量距相对误差符合精度要求时，取往返测距离平均值作为最后测量的结果，否则，应重测。

相对误差

$$K=\frac{|\Delta D|}{D_{平均}}=\frac{1}{\dfrac{D_{平均}}{|\Delta D|}} \qquad (5-2)$$

距离

$$D_{平均}=\frac{D_{往}+D_{返}}{2} \qquad (5-3)$$

在实际工作中，钢尺量距的相对误差一般不应超过 1/3000；在量距困难的地区，其相对误差不应超过 1/1000。

【案例 5 - 1】 用钢尺丈量一条直线，往测丈量的长度为 217.30m，返测长度为 217.38m。如规定其相对误差不应大于 1/2000，试问：此丈量结果是否满足精度要求？如果满足，直线长度应取多少？

解 较差 $|\Delta D| = |D_{往} - D_{返}| = |217.30 - 217.38| = 0.08m$。

相对误差
$$K = \cfrac{1}{\cfrac{D_{平均}}{|\Delta D|}} = \cfrac{1}{\cfrac{217}{0.08}} \approx \frac{1}{2700}$$

（注：相对误差一般取两位有效数字，因此，$D_{平均}$ 取三位有效数字即可）

由于 $K < \dfrac{1}{2000}$，故知满足精度要求。直线长度应取

$$D_{平均} = \frac{1}{2}(217.30 + 217.38) = 217.34m$$

2. 倾斜地面的丈量方法

（1）平量法。若地面高低起伏不平时，可将钢尺拉平丈量。如图 5 - 8 所示，丈量由 A 向 B 进行。后尺手将钢尺的零点对准起点 A，前尺手沿 AB 直线方向将钢尺前端抬高，在钢尺侧面站一人看尺子是否水平，同时，指挥前尺手适当的升高或降低尺子末端的位置。在整尺刻划端挂一垂球，垂球尖投影于地面上，再插以测钎，得到点 1。同理得到点 2，3，4，将各尺段的距离相加得到 A，B 的水平距离 D_{AB}。

（2）斜量法。当倾斜地面的坡度比较均匀时，如图 5 - 9 所示，可沿斜面直接丈量出 AB 的倾斜距离 L，测出地面倾斜角度 α 或 AB 两点间的高差 h，按下式计算 AB 的水平距离 D。

$$D = L\cos\alpha \tag{5 - 4}$$
$$D = \sqrt{L^2 - h^2} \tag{5 - 5}$$

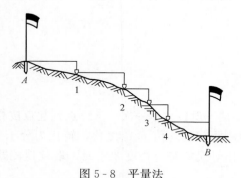

图 5 - 8 平量法

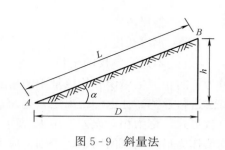

图 5 - 9 斜量法

5.2.3 钢尺精密量距

当量距精度要求在 1/10 000 以上时，要用钢尺精密量距。精密量距前，要对钢尺进行检定。

1. 钢尺的检定

由于制作误差、使用过程中的变形以及丈量时温度和拉力的不同，钢尺的实际长度往往不等于名义长度。因此，对于精密量距，丈量之前应进行钢尺检定，求出钢尺在标准拉力和

标准温度下的实际长度，以便对丈量结果加以改正。钢尺检定后，给出尺长方程式，其一般形式为

$$l_t = l_0 + \Delta l + \alpha l_0 (t - t_0) \qquad (5-6)$$

式中　　l_t——钢尺在温度 t 时的实际长度；

　　　　l_0——钢尺的名义长度；

　　　　Δl——尺长改正数；

　　　　α——钢尺的线膨胀系数，一般取 1.25×10^{-5}；

　　　　t_0——检定时的温度；

　　　　t——钢尺量距时的实际温度。

钢尺的鉴定通常可送交有检定条件的测绘部门完成。

2. 精密量距的方法

（1）准备工作。准备工作包括丈量场地的清理、直线定线和测定桩顶间的高差等工作。场地清理是清除待丈量线段间的障碍物，以便于丈量工作的进行。当待丈量的线段长度超过一整尺段时，需用经纬仪进行定线。测定桩顶间的高差的目的在于将倾斜长度换算成水平距离。

（2）丈量方法。丈量时，后尺手挂拉力计于钢尺零点，前尺手执尺子末端，两人同时拉紧钢尺，把钢尺有刻划的一侧贴于木桩顶十字交叉点，当拉力计指针指示在标准拉力（30m，100N）时，由后尺手发出"预备"口令，两人拉稳尺子，由前尺手喊"好"，前后尺手瞬间同时读数，估读至 0.5mm，记录员依次记入观测手簿，并计算尺段长度和钢尺表面温度。前后移动钢尺 10cm，按照相同的方法再次丈量，每一尺段要求丈量三次。当三次丈量结果之差不超过 3mm 时取平均值作为该尺段的观测结果，否则应重测。

按上述方法由直线起点丈量至终点完成往测。完成往测后应立即进行返测。

（3）成果整理。

1）尺长改正。钢尺在标准温度、标准拉力下的核定长度 l 与钢尺的名义长度 l_0 往往不一致，其差数 $\Delta l = l - l_0$，即为整尺段的尺长改正。每 1m 的尺长改正为 $\Delta l_{d1} = (l - l_0)/l_0$，则任意一段长度为 L 的尺长改正数 Δl_d 为

在线测试

$$\Delta l_d = \frac{l - l_0}{l_0} L \qquad (5-7)$$

2）温度改正。设钢尺检定时的温度为 t_0，量距时的实际温度为 t，钢尺的线膨胀系数为 α，则任一段长度为 L 的温度改正数 Δl_t 为

$$\Delta l_t = \alpha (t - t_0) L \qquad (5-8)$$

3）倾斜改正。设 L 为测量的斜距，h 为两桩顶间的高差，现将斜距 L 改为水平距离 D，应加倾斜改正数 Δl_h

$$\Delta l_h = -\frac{h^2}{2L} \qquad (5-9)$$

考虑上述三项改正，若实际量得的距离为 L，经改正后的水平距离为 D，则

$$D = L + \Delta L_d + \Delta l_t + \Delta l_h \qquad (5-10)$$

4）全长计算。将改正后的各尺段距离相加，便得到往测距离，最后算出往、返测的水平距离及相对误差。

【案例 5-2】 用 30m 的钢尺精密丈量 AB 直线的长度，其各尺段丈量的结果、丈量时的温度、各尺段之间的高差均填于表 5-1 中。经检定钢尺的实际长度为 30.0025m，检定时的温度为 20℃，拉力为 10kg。已知丈量时的拉力与检定时相同，试计算 AB 直线的实际长，并判断误差是否在允许范围内 $\left(K_允=\dfrac{1}{20000}\right)$。

表 5-1 　　　　　　　　　　　　　　精密量距记录计算表

测线	尺段	次数	前尺读数 /m	后尺读数 /m	尺段长度 /m	尺段平均长度 /m	温度 t /℃ 温度改正 ΔL_t/mm	高差 h /mm 高差改正 ΔL_h/mm	尺长改正 ΔL /mm	改正后的尺段长度 /m
AB	A-1	1	29.930	0.064	29.866	29.8650	25.8	+0.272	+2.5	29.868 4
		2	40	76	64		+2.1	-1.2		
		3	50	85	65					
	1-2	1	29.220	0.015	29.205	29.2057	27.6	+0.174	+2.4	29.210 3
		2	30	25	05		+2.7	-0.5		
		3	40	33	07					
	2-B	1	17.880	0.076	17.804	17.8050	27.5	-0.065	+1.5	17.808 0
		2	70	64	06		+1.6	-0.1		
		3	60	55	05					
BA	B-2	1	17.890	0.085	17.805	17.8037	27.4	+0.065	+1.5	17.806 7
		2	900	97	03		+1.6	-0.1		
		3	880	77	03					
	2-1	1	29.230	0.024	29.206	29.2053	27.5	-0.174	+2.4	29.209 8
		2	50	44	06		+2.6	-0.5		
		3	60	56	04					
	1-A	1	29.910	0.045	29.865	29.8640	27.6	-0.272	+2.5	29.868 0
		2	30	66	64		+2.7	-1.2		
		3	20	57	63					

往测长度：　　　$D_往=29.868\ 4+29.210\ 3+17.808\ 0=76.886\ 7(\text{m})$

返测长度：　　　$D_返=17.806\ 7+29.209\ 8+29.868\ 0=76.884\ 5(\text{m})$

平均长度：　　　$D_平=D_平=\dfrac{76.886\ 7+76.884\ 5}{2}=76.885\ 6(\text{m})$

较差：　　　　　$\Delta D=D_往-D_返=76.886\ 7-76.884\ 5=+0.002\ 2(\text{m})$

相对误差：　　　$K=\dfrac{0.002\ 2}{76.885\ 6}=\dfrac{1}{34\ 948}<\dfrac{1}{20\ 000}$

丈量成果满足要求。

5.2.4 钢尺量距的误差及注意事项

影响钢尺量距精度的因素较多，主要有定线误差、尺长误差、温度误差、拉力误差、钢尺对准及读数误差。在量距过程中应采取措施，提高丈量距离的精度。

（1）定线误差。由于定线不准确，所量的距离是折线而不是直线，使丈量结果带有偏差。因此，在丈量前必须认真定线，在丈量时钢尺边必须紧贴定向点。

（2）尺长误差。在丈量前应将钢尺交有关部门进行检定。由于钢尺尺长误差与所量距离成正比，所以，对于精密丈量一定要考虑尺长改正数。

（3）温度误差。钢尺受温度影响产生热胀冷缩，在精密丈量中，尽管加了温度改正数，但是用温度计测定的是环境温度，并非反映钢尺的实际温度。因此，在精密量距时应设法测定钢尺表面温度，据此加以改正比较切合实际。

（4）拉力误差。钢尺长度随拉力的增大而变长，量距时，当施加的拉力与检定时的拉力不同时，会产生此误差。因此，量距时应施加检定时的标准拉力。

（5）钢尺对准及读数误差。量距时，钢尺要对准点位；读数时，要集中精力，避免把读数读错或读颠倒。记录者不能听错、读错。

5.3　视　距　测　量

视距测量是用望远镜内的视距装置，根据光学和三角学原理测定距
离和高差的一种方法。其特点是操作简便、速度快、不受地形的限制，　　课件浏览　视距测量
但测距精度较低，一般相对误差为1/300～1/200，高差测量的精度也低于水准测量和三角高
程测量。视距测量主要用于地形图的碎部测量。

5.3.1　视距测量的原理

1. 视线水平时视距测量原理

如图 5-10 所示，欲测定 A、B 两点间的水平距离 D 和高差 h，在 A 点安置仪器，B 点竖立视距标尺，望远镜视准轴水平时，照准 B 点视距尺，视线与标尺垂直交于 Q 点。若尺上 M、N 两点成像在十字丝两根视距丝 m、n 处，则标尺上 MN 长度可由上下视距丝读数之差求得。上、下视距丝读数之差称为视距间隔，图中 MN 用 l 表示。

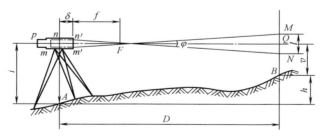

图 5-10　视线水平时视距测量原理

由 △m'n'F 与 △MNF 相似得

$$\frac{FQ}{l}=\frac{f}{p}\Rightarrow FQ=\frac{f}{p}l$$

式中　l——尺间隔；

　　　f——物镜焦距；

　　　p——视距丝间隔。

由图 5-10 中可以看出

$$D = FQ + f + \delta$$

式中　δ——物镜至仪器中心的距离。

令 $\dfrac{f}{p} = K$ 为常数，$f + \delta = C$ 为加常数，则

$$D = Kl + C \qquad\qquad (5\text{-}11)$$

目前测量常用的内对光望远镜，在设计制造时，已适当选择了组合焦距及其他有关参数，使视距常数 $K = 100$，C 接近于零。因此，式（5-11）可写成

$$D = Kl = 100l \qquad\qquad (5\text{-}12)$$

在线测试 由图 5-10 可得出两点间高差公式

$$h = i - v \qquad\qquad (5\text{-}13)$$

式中　i——仪器高；

　　　v——觇标高，即望远镜十字丝中丝在标尺上的读数。

2. 视线倾斜时视距测量原理

在地面起伏较大地区进行视距测量，必须使望远镜视线倾斜才能在标尺上读数，如图 5-11 所示，这时视线不再垂直于视距尺，因此就不能直接用式（5-12）计算水平距离。

在图 5-11 中，视距尺立于 B 点时的视距间隔为 MN（l），现虚拟一根标尺 $M'N'$ 与视线垂直，其视距间隔为 $M'N'$（l'），如果将视距间隔 MN 换算为与视线垂直的视距间隔 $M'N'$，就可用式（5-12）计算倾斜距离 D'，再根据 D' 和竖直角 α 算出水平距离 D 和高差 h。因此，解决问题的关键在于求出 MN 和 $M'N'$ 之间的关系。

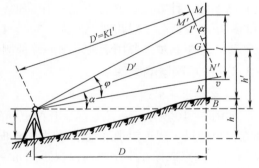

图 5-11　视线倾斜时视距测量原理

从图 5-11 中可以看出

$$D' = Kl'$$
$$M'N' = l'$$
$$MN = l$$
$$\angle MGM' = \angle NGN' = \alpha$$
$$\angle MM'G = 90° + \frac{\varphi}{2}$$
$$\angle NN'G = 90° + \frac{\varphi}{2}$$

式中，$\dfrac{\varphi}{2}$ 的角度很小，只有 $17'11''$，所以，可以近似地认为 $\angle MM'G$ 和 $\angle NN'G$ 为直角。

于是

$$M'G = MG\cos\alpha$$
$$N'G = NG\cos\alpha$$
$$M'N' = M'G + N'G = MG\cos\alpha + NG\cos\alpha = (MG + NG)\cos\alpha = MN\cos\alpha$$

即
$$l'=l\cos\alpha$$

则
$$D'=Kl\cos\alpha$$

所以，A，B 两点间的水平距离为

$$D=D'\cos\alpha=Kl\cos^2\alpha \tag{5-14}$$

由图 5-11 中还可以看出，A，B 两点间的高差为

$$h'=D'\sin\alpha=Kl\cos\alpha\sin\alpha=\frac{1}{2}Kl\sin2\alpha$$

或
$$h'=D\tan\alpha$$

所以
$$h=\frac{1}{2}Kl\sin2\alpha+i-v=D\tan\alpha+i-v \tag{5-15}$$

5.3.2 视距测量的观测与计算

（1）在测站上安置仪器，量取仪器高 i 并记入手簿。

（2）在盘左位置，旋转照准部瞄准视距标尺，读取上、下丝标尺读数。

（3）调节竖直度盘指标水准管微动螺旋使水准管气泡居中，读取竖盘读数和中丝读数，计算竖直角。

（4）根据式（5-14）和式（5-15）计算出两点间的水平距离和高差。

5.3.3 视距测量误差分析

1. 视距读数误差

用视距丝读数时，是估读标尺最小分划内的毫米数，距离愈远，最小分划的成像就愈小，估读的误差也就愈大。因此，施测距离不能过大，不要超过规范中规定的范围，读数时注意消除视差。

2. 竖直角测量误差

竖直角测量误差包含中丝瞄准误差、竖盘读数误差和指标差的影响。由于在视距测量时通常只用一个盘位，不能用盘左盘右消除指标差的影响，所以，应对指标差仔细检校。

3. 视距常数 K 的误差

由于仪器制造及外界温度变化等因素，使视距常数 K 值往往不为 100。因此，对视距常数 K 要严格测定。K 值应在 100 ± 0.1 之内，否则应加以改正，或采用实测值。

4. 标尺倾斜引起的误差

标尺倾斜对距离的影响与标尺本身倾斜的大小有关，并且误差随地面坡度的增加而增大。因此，在施测时应尽可能把标尺竖直。

5. 大气垂直折光引起的误差

大气密度的分布随距离地面的高低不同而变化，越接近地面其密度越大。在施测时，由于上、下丝的视线通过不均匀的大气，从而对其读数产生不同的垂直折光影响。但实验表明，视线高于地面 1m 时，这种折光的影响比较小，因此，观测时应尽可能使视线离地面 1m 以上。

5.4 光 电 测 距

随着光电技术的发展，出现了以红外光、激光、电磁波为载波的光电测距仪。与传统的钢尺量距相比，光电测距仪具有测程远、精度高、

课件浏览　光电测距

受地形限制小、工作效率高等优点。测距仪按测程分为远程测距仪（大于25km）、中程测距仪（10～25km）和短程测距仪（小于10km）。

5.4.1 光电测距原理

如图5-12所示，欲测定 A，B 两点间的距离 D，在 A 点安置仪器，在 B 点安置反光棱镜。由仪器发射光波，经过距离 D 到达反光棱镜，经反射后回到仪器的接受系统。如果能测出光波在距离 D 上往、返传播的时间 t，则距离 D 可按下式求得

$$D = \frac{1}{2}ct \tag{5-16}$$

式中 c——光波在大气中的传播速度。

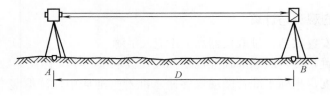

图5-12 光电测距原理

为便于说明，将从反射镜 B 返回的光波在测距方向上展开，如图5-13所示。显然，光波返回 A 点的相位比发射时延迟了 φ

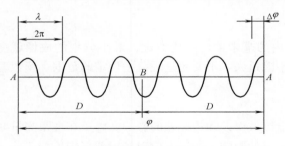

$$\varphi = 2\pi N + \Delta\varphi \tag{5-17}$$

式中 N——整周期数；

$\Delta\varphi$——不足一个整周期的相位移。

假设波长为 λ，波数为 $\frac{\varphi}{2\pi}$，则

$$2D = \lambda\frac{\varphi}{2\pi} \tag{5-18}$$

图5-13 光波相位移

将式（5-17）代入式（5-18），得

$$D = \frac{\lambda}{2}\left(N + \frac{\Delta\varphi}{2\pi}\right) \tag{5-19}$$

令 $u = \frac{\lambda}{2}$，$\Delta N = \frac{\Delta\varphi}{2\pi}$，于是

$$D = u(N + \Delta N)$$

与钢尺量距公式相比，若把 u 视为整尺长，则 N 为整尺数，ΔN 为不足一个整尺的尺数，所以，通常把 u 称为"光尺"长度。它的长度可由下式确定

$$u = \frac{\lambda}{2} = \frac{c}{2f} = \frac{c_0}{2nf}$$

式中 c_0——真空中的光速；

n——大气折射率；

f——光的频率。

由于测相装置只能测定不足一个整周期的相位差 $\Delta\varphi$，而不能测出整周期 N，因此，距离 D 尚不能确定。但当光尺长度 $u > D$ 时，有

$$D = \frac{\lambda}{2} \times \frac{\Delta\varphi}{2\pi}$$

此时距离可以测定。

5.4.2 全站仪介绍

全站型电子速测仪简称全站仪,它是一种可以同时进行角度(水平角、竖直角)测量、距离(斜距、平距)、高差测量和数据处理,由机械、光学、电子元件组合而成的测量仪器。由于只需一次安置仪器便可以完成测站上所有的测量工作,故被称为"全站仪"。

目前,世界上许多著名的测绘仪器生产厂商均生产各种型号的全站仪。本节以 GTS—211D 型全站仪为例介绍全站仪的基本构造与功能。

1. 全站仪的基本构造

拓普康 GTS—211D 电子全站仪外形如图 5 - 14 所示,有两面操作按键及显示窗,操作很方便。本节简单介绍用全站仪进行角度测量、距离测量、坐标测量、放样。

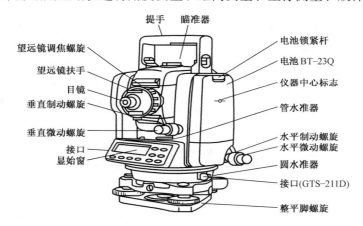

图 5 - 14 拓普康 GTS—211D 电子全站仪外形图
注:不同国家的市场,垂直制动与微动螺旋的位置有所不同。

GTS—211D 系列全站仪只有 10 个按键,其名称与功能见表 5 - 2。

表 5 - 2 GTS—211D 系列全站仪的按键名称及功能

键	名 称	功 能
↗	坐标测量键	坐标测量模式
▰	距离测量键	距离测量模式
ANG	角度测量键	角度测量模式
MENU	菜单键	在菜单模式和正常测量模式之间切换,在菜单模式下设置应用测量与调节方式
ENS	退出键	返回测量模式或上一层模式 从正常测量模式直接进入数据采集模式或放样模式
POWER	电源键	电源开关
F1 - F4	软键(功能键)	对应于显示的软键信息

2. 全站仪的基本应用

（1）测量前的准备。将 GTS—211D 全站仪对中、整平后按 POWER 键，即打开电源。显示器初始化约两秒后，显示零指示设置（0SET）、当前的棱镜常数（PSM）、大气改正值（PPM）以及电池剩余容量，如图 5 - 15 所示。图中"━"表示电池电量，有三个"━"表示电池电量充足，有一个"━"表示电池电量不足，但还可以测量。当出现闪烁或显示"Battery empty"（电量空）时，必须换上充好电的电池，方能进行测量。

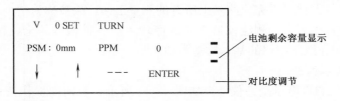

图 5 - 15　初始界面

纵转望远镜，使望远镜的视准轴通过水平线，立即显示垂直度盘读数和水平度盘读数。若仪器没有整平（超出自动补偿范围），且设置了自动倾角模式，则此时不显示度盘读数。

使用 GTS—211D 全站仪输入字母是借助软键（F1，F2，F3，F4）和光栅移动键（▼、▲、◀、▶）来实现的。按 INPUT（F1）键输入开始，按 ENT（F4）键输入结束。

（2）开机设置读数指标后，就进入角度测量模式，或者按 ANG 键进入角度测量模式（表 5 - 3）。

表 5 - 3　　　　　　　　　　　　角 度 测 量 模 式

页　码	软　键	显示符号	功　能
1	F1	0SET	水平角度为 $0°0'0''$
	F2	HOLD	锁定水平角
	F3	HSET	通过键入数字设置水平角
	F4	P1↓	显示第 2 页软键功能
2	F1	TILT	水平角度为 $0°0'0''$
	F2	REP	锁定水平角
	F3	V%	通过键入数字设置水平角
	F4	P2↓	显示第 2 页软键功能
3	F1	H - BZ	对每隔 90° 水平角设置蜂鸣声
	F2	R/L	变换水平角的右/左旋转计数方向
	F3	CMPS	变换天顶距/高度角
	F4	P3↓	显示第 1 页软键功能

在线测试

1）水平角和竖直角测量。如图 5 - 16 所示，欲测 A，B 两方向的水平角，在 O 安置、整平仪器，照准目标 A 后按 F1（0SET）键和 YES 键，可设置目标 A 的水平读数为 $0°00'00''$。旋转仪器照准目标 B，显示窗上直接显示目标 B 的水平角 H 和垂直角 V。

水平角右角，即仪器右旋角，从上往下看水平度盘，水平读数顺时针增大；水平角左角，即左旋角，水平读数逆时针增大。在测角模式下，按 F4（↓）键两次转到第 3 页功能。每按 F2（R/L）一次，左/右角交替切换。通常使用右角模式观测。

图 5-16　水平角测量

2）水平角读数设置。水平读数设置有两种方法。

方法 1：通过锁定水平读数进行设置。先转动照准部，使水平读数接近要设置的读数，接着用水平微动螺旋旋转至所需的水平读数，然后按 F2（HOLD）键，使水平读数不变，再转动照准部照准目标，按 YES 键完成水平读数设置。

方法 2：通过键盘输入进行设置，先照准目标，再按 F3（HSET）键，按提示输入所要的水平读数。在测角模式下，可进行角度复测、水平角 90°间隔蜂鸣声的设置、垂直角与百分度（坡度）切换、天顶距与高度角切换等。

（3）距离测量可设为单次测量和 N 次测量。一般设为单次测量，以节约用电。

距离测量可区分三种测量模式，即精测模式、粗测模式、跟踪模式。一般情况先用精测模式观测，最小显示单位为 1mm，测量时间约 2.5s。粗测模式最小显示单位为 10mm，测量时间约 0.7s。跟踪模式用于观测移动目标，最小显示单位为 10mm，测量时间为 0.3s。

当距离测量模式和观测次数设定后，在距离测量模式（表 5-4）下，照准棱镜中心，按▰键，即开始连续测量距离，显示内容从上往下为水平角（HR）、平距（HI）和高差（VD）。若再按▰键一次，显示内容变为水平角（HR），垂直角（V）和斜距（SD）。当不再需要连续测量时，可按 F1（MEAS）键，按设定的次数距离测量，最后显示距离平均值。

表 5-4　　　　　　　　　　　　　距 离 测 量 模 式

页　码	软　键	显示符号	功　能
1	F1	MEAS	启动测量
	F2	MODE	设置测量模式精测/粗测/跟踪
	F3	S/A	设置音响模式
	F4	P1↓	显示第 2 页软键模式
2	F1	OFSET	偏心测量模式
	F2	S.O	放样测量模式
	F3	M/f/i	米，英尺，或者英尺、英寸单位的变换
	F4	P2↓	显示第 1 页软键功能

（4）放样。在距离测量模式下，按（S.O）键（第 2 页 F2）可进行距离放样，显示出测量的距离与设计的放样距离之差。在放样（S.O）模式下，选择平距（HD）、高差（VD）和斜距（SD）中的一种测量方式，输入放样设计的距离，然后照准棱镜，按▰键，开始放样测量，显示测量距离与放样设计距离之差。移动棱镜，直到与设计距离的差值为 0m。

（5）坐标测量。GTS—211D 全站仪可在坐标测量模式↙下直接测定碎部点（立棱镜点）坐标。在坐标测量之前必须将全站仪进行定向，输入测站点坐标。若测量三维坐标，还必须输入仪器高和棱镜高。具体操作如下：

在坐标测量模式（表 5‑5）下，先通过第 2 页的 F1（R. HT），F2（INS. HT），F3（OCC）分别输入棱镜高、仪器高和测站点坐标，再在角度测量模式下，照准后向点（后视点），设定测站点的水平度盘读数，完成全站仪的定向。然后照准立于碎部点的棱镜，按 ⊿ 键，开始测量，显示碎部点坐标（N，E，Z），即（X，Y，H）。

表 5‑5 坐 标 测 量 模 式

页 码	软 键	显示符号	功 能
1	F1	MEAS	开始测量
	F2	MODE	设置测量模式精测/粗测/跟踪
	F3	S/A	设置音响模式
	F4	P1	显示第 2 页软键模式
2	F1	R. HT	通过输入设置棱镜高度
	F2	INS. HT	通过输入设置仪器高度
	F3	OCC	通过输入设置测站点坐标
	F4	P2↓	显示第 3 页软键功能
3	F1	OFSET	偏心测量模式
	F2	S. O	放样测量模式
	F3	M/f/i	米，英尺，或者英尺、英寸单位的变换
	F4	P3↓	显示第 1 页软键功能

项 目 小 结

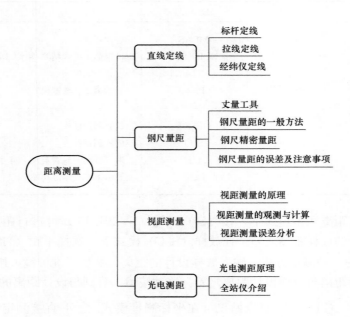

习　　题

1. 什么是直线定线？直线定线有哪几种方法？

2. 简述钢尺在平坦地面量距的步骤。

3. 用钢尺丈量 AB 两点间的距离，往测距离为 144.14m，返测为 144.17m，试计算 AB 两点间的距离及其相对误差。

4. 钢尺量距受哪些误差的影响，在量距过程中应注意些什么问题？

5. 用经纬仪进行距离测量的记录见表 5-6，仪器高为 1.532m，测站点高程为 7.481m。试计算测站点至各照准点的水平距离及各照准点的高程。

表 5-6　　　　　　　　　　　　距 离 测 量 记 录 表

点号	下丝读数 /m	上丝读数 /m	中丝读数 /m	视距间隔 /m	竖盘读数 (° ′)	竖直角 (° ′)	水平距离 /m	高差 /m	高程 /m	备注
1	1.766	0.902	1.383		84　32					
2	2.165	0.555	1.360		87　25					$\alpha = 90° - L$
3	2.570	1.428	2.000		93　45					
4	2.871	1.128	2.000		86　13					

6. 简述光电测距的基本原理。

7. 简述用拓普康 GTS—211D 电子全站仪进行点位测设的方法。

项目 6　测量误差的基本知识

【主要内容】

测量误差的概念、来源和分类；偶然误差的特性；衡量观测值精度的指标；误差传播定律及其应用。

重点：测量误差的概念、来源和分类；衡量观测值精度的指标。

难点：偶然误差的特性；误差传播定律。

【学习目标】

知识目标	能力目标
(1) 了解测量误差的概念和来源； (2) 认识观测条件对观测值质量的影响； (3) 掌握测量误差的分类； (4) 理解偶然误差的特性； (5) 熟知衡量观测值精度的指标； (6) 掌握误差传播定律及其在测量中的应用	(1) 能区分系统误差和偶然误差； (2) 能计算中误差、相对误差和极限误差； (3) 能根据精度指标来衡量观测值的精度； (4) 能根据实际情况选取合适的衡量精度指标； (5) 能运用误差传播定律评定观测值函数精度

【思政目标】

通过学习测量误差的来源、分类、特性及衡量观测值精度指标，培养学生要用全面、联系、发展的眼光看问题。要善于分析事物的具体联系，总结事物的发展规律。通过公式的演绎和讲解，培养学生数据处理中尊重事物客观规律、注重细节、一丝不苟、精益求精的"大国工匠精神"。

6.1　测量误差概述

6.1.1　测量误差的概念

课件浏览　测量误差概述

在实际测量中，不管使用多么精密的测量仪器，也无论观测者多么细心，对同一个量进行多次观测时，其结果往往都有差异。例如，对一个角、一段距离或者两点间高差进行多次观测，会发现每次测量的结果通常都不一致；又如，对三角形三个内角进行观测，每次测得的内角和通常也不会恰好等于 180°。但是，只要不出现错误，每次的观测结果都是非常接近的，它们的值与所观测的量的真值相差无几。观测值与其真值或应有值之间的差异称为真误差。即

真误差＝观测值－真值

在实际工作中，人们往往要对一未知量在相同条件下进行若干次观测，去检查观测中是否有错误以及根据误差的大小来判定结果的可靠程度。一般来说，误差是不可避免的，可研究观测误差的来源及其规律，并采取各种措施来减小误差的影响。

6.1.2 测量误差的来源

测量误差产生的原因很多，概括起来有以下三个方面：

（1）仪器误差。测量工作主要是利用测量仪器来进行的，而仪器的制造和校正不可能十分完善，如仪器各种轴线之间的几何关系不能完全满足要求，尽管经过了检验和校正，但仍然有残余误差。另外，不同类型的仪器有着不同的精度，使用不同精度的仪器引起的误差大小也不相同。因而使观测值的精度受到一定的影响，不可避免地存在误差。

（2）观测者误差。人们的感官（视觉）有一定的局限性，在仪器的操作过程中会给测量成果带来误差。同时，在观测过程中操作的熟练程度、习惯都有可能给测量成果带来误差。

（3）外界条件的影响。亮度、温度、湿度和风力等外界条件是随时变化的，这些因素都会影响测量的结果，带来一定的误差。

综上所述，任何测量工作都会受到以上三方面的影响，这三方面的因素综合起来称为观测条件。观测成果的精确程度称为精度。观测条件相同的各次观测称为等精度观测；观测条件不相同的各次观测称为不等精度观测。

在测量过程中，有时还会出现粗差，也称过失或错误。例如，钢尺丈量距离时读错钢尺上注记的数字或记错整尺段。粗差是由观测者粗心大意造成的，这在测量中是绝对不允许的，而测量中的误差则是不可避免的。要严格区分误差和粗差的界线。

6.1.3 测量误差的分类

根据测量误差的性质，可将测量误差分为以下两大类。

1. 系统误差

在相同的观测条件下对某一量进行一系列观测，如果观测误差的大小或符号按一定的规律变化，这种误差称为系统误差。例如，由于尺长误差 Δ_l 的存在，使每量一尺段距离就会产生一个 Δ_l 的误差，量的尺段愈多，误差的积累也就愈大。又如，水准测量中所用的水准仪的水准管轴不严格平行于视准轴，使尺上读数总是偏大或偏小，水准仪到水准尺距离愈远，误差也就愈大。这些都会使观测值带有系统误差。

系统误差具有积累性，不能相互抵消，因而对观测结果的影响较大。在找到了系统误差的规律之后，就可以采取一定的方法加以消除或减小。例如，水平角测量中，经纬仪的视准轴与横轴、横轴与竖轴不严格垂直的误差可以用盘左、盘右两个位置观测水平角，取平均值加以消除；三角高程测量中，地球曲率和大气折光对高差的影响可以采用正觇、反觇加以消除。但也有一些系统误差无法消除，则应通过细心操作使其减小到最低限度。

2. 偶然误差

在相同的条件下对某一量进行一系列的观测，如果观测误差的大小和符号都不一致，但总体又服从于一定的统计规律，这种误差称为偶然误差，也叫随机误差。

产生偶然误差的原因很多，如仪器精度的限制、环境的影响、人们的感觉器官的局限等。例如，距离丈量和水准测量中，在尺子上估读末位数字总是忽高忽低；水平角观测中的对中误差、瞄准误差、读数误差都是偶然误差。观测中应力求使偶然误差减小到最低限度。但是偶然误差必定客观存在着。

在观测中，偶然误差和系统误差是同时产生的，当对系统误差采取了适当的方法加以消除或减小以后，决定观测精度的关键就是偶然误差。所以，在测量误差理论中主要是讨论偶然误差。如何处理这些带有偶然误差的观测值，求出其最可靠的结果，并分析观测值的可靠程度是本章要解决的问题。

6.1.4 偶然误差的特性

偶然误差就其逐个误差的大小和符号而言是没有规律的，但在相同条件下对某量进行多次观测，就会发现所得到的大量偶然误差也呈现出一定的规律性，并且误差的个数愈多，这种规律就愈明显。下面通过实例说明其规律特性。

在某测区，在相同的条件下独立地观测了 358 个三角形的全部内角，由于观测值中存在偶然误差，三角形的三个内角观测值之和不等于理论值 $180°$。设三角形内角和的真值为 x，三角形内角和的观测值 l_i，则观测值与真值 x 之差称为真误差 Δ_i

在线测试

$$\Delta_i = l_i - x \qquad (6 - 1)$$

由式（6-1）计算出 358 个三角形内角之和的真误差，将 358 个真误差取它们的误差区间 $\mathrm{d}\Delta = 3''$，并按其绝对值大小排列于表 6-1 中。

从表 6-1 中可以看出，该组误差分布表现出如下规律：小误差比大误差出现的机会多，绝对值相等的正、负误差出现的个数相近，最大误差不超过一定限值。通过大量的实验统计结果表明，偶然误差具有如下特性。

（1）有限性。在一定观测条件下的有限次观测值中，偶然误差的绝对值不超过一定的界限。

（2）显小性。绝对值小的误差比绝对值大的误差出现的机会多。

（3）对称性。绝对值相等的正、负误差出现的机会大致相等。

（4）抵消性。当观测次数无限增多时，偶然误差的算术平均值趋近于零。即

$$\lim_{n \to \infty} \frac{\Delta_1 + \Delta_2 + \cdots + \Delta_n}{n} = \lim_{n \to \infty} \frac{[\Delta]}{n} = 0 \qquad (6 - 2)$$

式中　$[\Delta]$——取括号中数值的代数和。

表 6 - 1　　　　　　　　　　　误　差　计　算

误差区间 d△ ('')	负误差		正误差		合计	
	个数 k	频率 k/n	个数 k	频率 k/n	个数 k	频率 k/n
0～3	45	0.126	46	0.128	91	0.254
3～6	40	0.112	41	0.115	81	0.227
6～9	33	0.092	33	0.092	66	0.184
9～12	23	0.064	21	0.059	44	0.123
12～15	17	0.047	16	0.045	33	0.092
15～18	13	0.036	13	0.036	26	0.072
18～21	6	0.017	5	0.014	11	0.031
21～24	4	0.011	2	0.006	6	0.017
24 以上	0	0	0	0	0	0
总计	181	0.505	177	0.495	358	1.000

为了更直观形象地表示偶然误差的上述特性，以偶然误差的大小为横坐标，以其相应出

现在误差区间的误差相对个数为纵坐标建立坐标系并绘图，该图称为直方图，图 6-1 形象地表示了该组误差的分布情况。当误差个数 $n \to \infty$ 时，如果把误差间隔 $\mathrm{d}\Delta$ 无限缩小，则图 6-1中的各长方形顶点折线就变成了一条光滑的曲线，如图 6-2 所示。该曲线称为误差分布曲线，即正态分布曲线。图中曲线形状愈陡峭，表示误差分布愈密集，观测质量愈高；曲线愈平缓，表示误差分布愈离散，观测质量愈低。

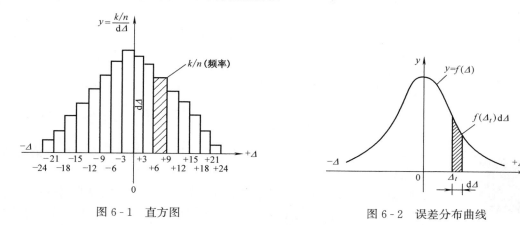

图 6-1   直方图   图 6-2   误差分布曲线

误差分布曲线的方程为

$$f(\Delta) = \frac{1}{\sqrt{2\pi}\sigma} e^{-\frac{\Delta^2}{2\sigma^2}} \tag{6-3}$$

式中 π——圆周率；

　　　　e——自然对数的底；

　　　　σ——标准偏差。

从正态分布图中可以看出，曲线中间高、两端低，表明小误差出现的可能性大，大误差出现的可能性小；曲线对称，表明绝对值相等的正、负误差出现的机会均等；曲线以横轴为渐近线，即最大误差不会超过一定限值。

6.2   衡量精度的指标

所谓精度，就是指误差分布的密集或离散的程度。在实际测量工作中，有些测量成果可以直接观测获得，但有些测量成果是由其他观测值间接计算出来的。无论是直接的还是间接的，都必须建立一个统一的衡量精度标准来衡量测量成果的精度。下面介绍衡量精度的常用标准。

课件浏览　衡量精度的
指标

6.2.1   中误差

在一定条件下，对某一量进行 n 次观测，各观测值真误差平方和的平均值开方，称为中误差，以 m 表示，即

$$m = \pm\sqrt{\frac{\Delta_1^2 + \Delta_2^2 + \cdots + \Delta_n^2}{n}} = \pm\sqrt{\frac{[\Delta\Delta]}{n}} \tag{6-4}$$

观测值中，误差 m 不是个别观测值的真误差，它与各真误差的大小有关，它描述了这

95

一组真误差的离散程度，突出了较大误差与较小误差之间的差异，使较大误差对观测结果的影响表现出来，因而，它是衡量观测精度的可靠标准。

【案例6-1】 有两个测量组对某个已知值的角度同时都进行了5次观测，各次观测的真误差如下。

A 组：$-4''$，$-3''$，$0''$，$+2''$，$+4''$；

B 组：$-6''$，$-1''$，$0''$，$+1''$，$+5''$。

解 若直接评价甲、乙两组的测量精度是较难的，若计算出两组的中误差就可以说明问题。

$$m_A = \pm \sqrt{\frac{(-4'')^2 + (-3'')^2 + (0'')^2 + (2'')^2 + (4'')^2}{5}} = \pm 3.0''$$

$$m_B = \pm \sqrt{\frac{(-6'')^2 + (-1'')^2 + (0'')^2 + (1'')^2 + (5'')^2}{5}} = \pm 3.5''$$

在线测试

$m_A < m_B$ 说明甲组的观测精度比乙组高。因此，若中误差较小则精度高，反之精度低。

在测量中，即使一次测量的偶然误差正好为0，也不能说明精度就很高，它的精度仍是相同条件下的中误差精度。例如，一次观测三角形三个内角和正好是180°，并不能说明观测各角的精度就高，只是各内角的偶然误差有抵消偶然为0而已。

6.2.2 允许误差

允许误差是一定观测条件下规定的测量误差的限值，也称为极限误差或限差。在观测中，由于各种因素的影响，偶然误差的存在是不可避免的，但根据偶然误差的特性，它的绝对值不会超过一定界限。从大量的测量实践得出，在一组等精度测量的误差中，绝对值超过1倍中误差的偶然误差的概率为32%，超过2倍的概率为4.5%，超过了3倍的仅为0.3%。因此，在有限的观测次数中，大于3倍中误差的偶然误差基本不会出现。

所以，通常以3倍中误差作为偶然误差的极限值，即

$$\Delta_\text{限} = 3m \tag{6-5}$$

当要求较高时，也常采用2倍中误差作为极限误差

$$\Delta_\text{限} = 2m \tag{6-6}$$

在测量规范中，对每次测量工作，根据所用的仪器和测量方法，分别规定了相应的允许误差。如果观测值的误差超过了允许误差，成果质量就不合要求，必须进行重测，这是测量工作必须要遵守的准则。

6.2.3 相对误差

在测量工作中，有时不能用绝对误差的大小来说明测量精度的高低。例如，分别丈量了1000m和200m两段距离，中误差均为± 0.2m，不能说丈量的精度相同。因为误差大小和各自的长度有关。所以，必须采用另一种标准来衡量，这就是相对误差，即

$$K = \frac{|m|}{D} = \frac{1}{\dfrac{D}{|m|}} = \frac{1}{M} \tag{6-7}$$

相对误差等于观测值中误差的绝对值与观测值之比，用分子为1的形式表示。例如，上

述中两者的相对误差分别为 $0.2/1000 = 1/5000$；$0.2/200 = 1/1000$，说明前者比后者精度高。

6.3 误差传播定律

课件浏览 误差传播定律

在实际工作中，有些未知量并不是直接测定的，而是用直接观测值通过一定的函数关系式计算出来的，这些量称为间接观测值。间接观测值是直接观测值的函数。直接观测值的误差必然会传递给间接观测值。本节主要研究观测值中误差与其函数的中误差之间的传播关系。

误差传播定律就是阐述观测值中误差与函数值中误差之间的关系的定律。下面对几种函数形式分别加以讨论。

6.3.1 观测值的和或差的函数中误差

设有函数

$$z = x \pm y \tag{6-8}$$

式中，z 是 x、y 的和或差的函数，x、y 为独立观测值，它们的中误差已知为 m_x、m_y，现在求 z 的中误差 m_z。

设 x、y、z 的真误差分别为 Δ_x、Δ_y、Δ_z，由式（6-8）可以得出

$$\Delta_z = \Delta_x \pm \Delta_y$$

当对 x、y 均观测了 n 次时，则

$$\Delta_{z_i} = \Delta_{x_i} \pm \Delta_{y_i} \quad (i = 1, 2, \cdots, n)$$

将上式平方，得

$$\Delta_{z_i}^2 = \Delta_{x_i}^2 + \Delta_{y_i}^2 \pm 2\Delta_{x_i}\Delta_{y_i}$$

按上式求和，并除以 n，得

$$\frac{[\Delta_z^2]}{n} = \frac{[\Delta_x^2]}{n} + \frac{[\Delta_y^2]}{n} \pm 2\frac{[\Delta_x\Delta_y]}{n} \tag{6-9}$$

由于 Δ_x、Δ_y 均为偶然误差，其乘积 $\Delta_x\Delta_y$ 也为偶然误差。根据偶然误差的特性，当 n 趋近于无穷大时，则

$$\lim_{n \to \infty} \frac{[\Delta_x\Delta_y]}{n} = 0$$

又从中误差定义得到

$$m_z^2 = \frac{[\Delta_z^2]}{n}, \quad m_x^2 = \frac{[\Delta_x^2]}{n}, \quad m_y^2 = \frac{[\Delta_y^2]}{n}$$

所以

$$m_z^2 = m_x^2 + m_y^2 \tag{6-10}$$

即，两观测值和（或差）的中误差平方，等于观测值中误差的平方之和。

如果函数 z 不是一组观测值，而是 n 个观测值的和或差时，即

$$z = x_1 \pm x_2 \pm \cdots \pm x_n$$

根据前面的推导方法，可得出 z 的中误差为

$$m_z^2 = m_{x_1}^2 + m_{x_2}^2 + \cdots + m_{x_n}^2 \tag{6-11}$$

即，n 个观测值代数和（差）的中误差的平方，等于 n 个观测值中误差的平方之和。

在等精度观测条件下，其中误差均为 m，则有

$$m_z = m\sqrt{n} \tag{6-12}$$

假设用长为 l 的卷尺量距，共丈量了 n 个尺段，每段量距的中误差都为 m_i，求全长 S 的中误差 m_s

$$S = l_1 + l_2 + \cdots + l_n$$

$$m_s = m_i\sqrt{n}$$

应该指出：本例不能采用 $S = nl$ 倍数函数计算，因为共有 n 个尺段，而每个尺段都是一个独立观测值。

在水准测量中，为了求得 A、B 两点的高差，在 A、B 之间设置 n 站，各站观测的高差之和即为 A、B 两点间高差，即

$$h_{AB} = h_1 + h_2 + \cdots + h_n$$

而每站高差的误差 $m_{站}$ 是同精度的，因此

$$m_{h_{AB}} = m\sqrt{n} \tag{6-13}$$

即，水准测量高差的中误差与测站数的平方根成正比。

同理，水准测量高差的中误差与距离 S 的平方根成正比。

6.3.2 观测值倍数函数的中误差

设函数为

$$z = kx \tag{6-14}$$

式中　x——观测值，中误差为 m_x；

　　　k——常数；

　　　z——观测值的函数，其中误差为 m_z。

设 x 和 z 的真误差分别为 Δ_x 和 Δ_z。由式（6-14）可以知道 Δ_x 和 Δ_z 的关系为

$$\Delta_z = k\Delta_x$$

若对 x 共观测了 n 次，则

$$\Delta_{z_i} = k\Delta_{x_i} \quad (i = 1, 2, \cdots, n)$$

将上式平方，得

$$\Delta_{z_i}^2 = k^2\Delta_{x_i}^2 \quad (i = 1, 2, \cdots, n)$$

按上式求和，并除以 n 得

$$\frac{[\Delta_z^2]}{n} = \frac{k^2[\Delta_x^2]}{n} \tag{6-15}$$

按中误差定义可知

$$m_z^2 = \frac{[\Delta_z^2]}{n}$$

$$m_x^2 = \frac{[\Delta_x^2]}{n}$$

式（6-15）可以写为

$$\left.\begin{array}{l} m_z^2 = k^2 m_x^2 \\ m_z = \pm km_x \end{array}\right\} \tag{6-16}$$

即，观测值与常数乘积的中误差，等于观测值中误差乘常数。

【案例 6 - 2】　在 1∶1000 比例尺地图上，量得 A、B 两点间距离 $S_{ab}=26.5\text{mm}$，其中误差 $m_{ab}=\pm0.2\text{mm}$，求 A、B 间的实地距离 S_{AB} 及其中误差 m_{AB}。

解　　　　　　　　　　　　　$S_{AB}=1000S_{ab}=26.5\text{m}$

由式（6 - 16）可得出

$$m_{AB}=1000m_{ab}=1000\times(\pm0.2\text{mm})=\pm200\text{mm}=\pm0.2\text{m}$$

$$S_{AB}=(26.5\pm0.2)\text{m}$$

6.3.3　观测值线性函数的中误差

设函数为

$$z=k_1x_1\pm k_2x_2\pm\cdots\pm k_nx_n$$

式中　k_1、k_2、$\cdots$、k_n——常数；

x_1、x_2、$\cdots$、x_n——独立观测值，其中误差分别为 m_1、m_2、$\cdots$、m_n。

则综合式（6 - 11）和式（6 - 16）得到

$$m_z^2=(k_1m_1)^2+(k_2m_2)^2+\cdots+(k_nx_n)^2$$

即

$$m_z=\pm\sqrt{k_1^2m_1^2+k_2^2m_2^2+\cdots+k_n^2m_n^2} \tag{6-17}$$

6.3.4　一般函数的中误差

设有函数

$$z=f(x_1,x_2,\cdots,x_n) \tag{6-18}$$

式中　x_1、x_2、$\cdots$、x_n——独立观测值，其中误差分别为 m_{x_1}、m_{x_2}、$\cdots$、m_{x_n}。

现要求其函数 Z 的中误差，推导如下：

对函数求全微分，得

$$\mathrm{d}z=\frac{\partial f}{\partial x_1}\mathrm{d}x_1+\frac{\partial f}{\partial x_2}\mathrm{d}x_2+\cdots+\frac{\partial f}{\partial x_n}\mathrm{d}x_n \tag{6-19}$$

在线测试

设观测值 x_1、x_2、$\cdots$、x_n 的真误差为 Δx_1、Δx_2、$\cdots$、Δx_n，由这些真误差所引起的函数 Z 的真误差为 Δz。由于真误差一般很小，式（6 - 19）可用下式代替，即

$$\Delta z=\frac{\partial f}{\partial x_1}\Delta x_1+\frac{\partial f}{\partial x_2}\Delta x_2+\cdots+\frac{\partial f}{\partial x_n}\Delta x_n \tag{6-20}$$

式中　$\dfrac{\partial f}{\partial x}$——函数对自变量 x 的偏导数，当函数关系确定时，它们均为常数。

设

$$\frac{\partial f}{\partial x_1}=k_1,\quad\frac{\partial f}{\partial x_2}=k_2,\quad\cdots,\quad\frac{\partial f}{\partial x_n}=k_n$$

因此，式（6 - 20）为线性函数的真误差关系式，则由式（6 - 17）可得

$$m_z^2=k_1^2m_{x_1}^2+k_2^2m_{x_2}^2+\cdots+k_n^2m_{x_n}^2$$

即

$$m_z=\pm\sqrt{\left(\frac{\partial f}{\partial x_1}\right)^2m_{x_1}^2+\left(\frac{\partial f}{\partial x_2}\right)^2m_{x_2}^2+\cdots+\left(\frac{\partial f}{\partial x_n}\right)^2m_{x_n}^2} \tag{6-21}$$

通过以上推导可以看出，观测值线性函数中误差关系式是非线性函数中误差关系式的特殊形式。

【案例 6 - 3】　已知矩形的宽 $x=30\text{m}$，其中误差 $m_x=0.010\text{m}$，矩形的长 $y=40\text{m}$，其中

误差 $m_y=0.012\text{m}$，计算矩形面积 A 及其中误差 m_A。

解 已知计算矩形面积公式

$$A=xy$$

对各观测值取偏导数

$$\frac{\partial f}{\partial y}=x,\frac{\partial f}{\partial x}=y$$

根据误差传播定律，得

$$m_A=\pm\sqrt{\left(\frac{\partial f}{\partial y}\right)^2 m_y^2+\left(\frac{\partial f}{\partial x}\right)^2 m_x^2}=\pm\sqrt{x^2 m_y^2+y^2 m_x^2}$$

矩形面积 $\qquad\qquad A=xy=30\times40=1200\text{m}^2$

面积 A 的中误差 $\qquad m_A=\pm\sqrt{(40)^2\times(0.010)^2+(30)^2\times(0.012)^2}$

$$=\pm\sqrt{0.289\ 6}$$

$$m_A=0.54\text{m}^2$$

通常写成 $\qquad\qquad A=1200\text{m}^2\pm0.54\text{m}^2$

【案例 6-4】 设沿倾斜面上 A、B 两点间量得距离 $D=32.218\text{m}\pm0.003\text{m}$，并测得两点之间的高差 $h=2.35\text{m}\pm0.05\text{m}$。求水平距离 D_0 及其中误差 m_{D_0}。

解 $\qquad\qquad D_0=\sqrt{D^2-h^2}=\sqrt{(32.218)^2-(2.35)^2}=32.153\text{m}$

对 $D_0=\sqrt{D^2-h^2}$ 求全微分，得

$$\text{d}D_0=\frac{\partial f}{\partial D}\text{d}D+\frac{\partial f}{\partial h}\text{d}h=\frac{D}{\sqrt{D^2-h^2}}\text{d}D-\frac{h}{\sqrt{D^2-h^2}}\text{d}h$$

$$=\frac{D}{D_0}\text{d}D-\frac{h}{D_0}\text{d}h$$

$$\frac{D}{D_0}=\frac{32.218}{32.153}=1.002\ 0,\ \frac{h}{D_0}=\frac{2.35}{32.153}=0.073\ 1$$

根据式（6-21）可得

$$m_{D_0}=\pm\sqrt{1.002\ 0^2\times0.003^2+(-0.073\ 1)^2\times0.005^2}$$

$$=\pm0.003\text{m}$$

即 $\qquad\qquad D_0=32.153\text{m}\pm0.003\text{m}$

6.3.5 应用误差传播定律求观测值函数的中误差的计算步骤

（1）根据题意，列出具体的函数关系式 $Z=f(x_1,x_2,\cdots,x_n)$。

（2）如果函数是非线性的，则对各观测值求偏导数 $\frac{\partial f}{\partial x_1}$，$\frac{\partial f}{\partial x_2}$，…，$\frac{\partial f}{\partial x_n}$。

（3）写出函数中误差与观测值中误差的关系式

$$m_z=\pm\sqrt{\left(\frac{\partial f}{\partial x_1}\right)^2 m_{x_1}^2+\left(\frac{\partial f}{\partial x_2}\right)^2 m_{x_2}^2+\cdots+\left(\frac{\partial f}{\partial x_n}\right)^2 m_{x_n}^2}$$

（4）代入已知数据，计算相应函数值的中误差。

项　目　小　结

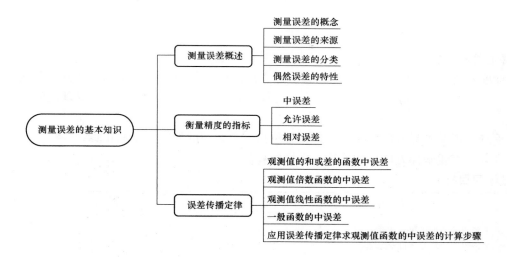

习　　题

1. 测量误差来源于哪些方面？

2. 偶然误差和系统误差的区别？偶然误差具有哪些特性？

3. 写出中误差的定义表达式，并说明其意义。

4. 何谓允许误差、相对误差？

5. 写出倍数函数、和差函数、线性函数和一般函数中误差传播定律的表达式。

6. 水准测量 AB 两点高差测量 6 次，高差分别为 1.253m、1.254m、1.250m、1.252m、1.255m、1.249m。试求观测值精度、算术平均值精度。

7. 对一个三角形内角进行观测，测得角 α 及 β，测角中误差分别为 $m_\alpha = \pm 3.7''$，$m_\beta = \pm 4.8''$，试求第三个角 γ 的中误差 m_γ。

8. 在 1：500 地形图上有一矩形地块长 (10.50 ± 0.02)cm，宽 (5.50 ± 0.02)cm。试求该矩形地块的实地面积中误差。

9. 已知一测回测角中误差为 $\pm 9''$，欲使测角精度达到 $\pm 2''$，问至少需要观测几个测回？

项目7　直 线 方 位 测 量

【主要内容】

标准方向；真方位角、磁方位角、坐标方位角以及象限角的概念；三种方位角之间的关系；正、反坐标方位角的概念；直线坐标方位角的推算；坐标计算原理；罗盘仪的构造和使用等。

重点：正反坐标方位角换算；坐标方位角和象限角的换算；坐标正算。

难点：直线坐标方位角的推算；坐标反算。

【学习目标】

知识目标	能力目标
(1) 了解直线方向的表示方法； (2) 了解三种方位角之间的关系； (3) 掌握坐标方位角的推算公式； (4) 掌握坐标正、反算的基本方法； (5) 掌握罗盘仪的使用方法	(1) 能计算直线的正、反坐标方位角； (2) 能进行坐标方位角的推算； (3) 能进行坐标正算、坐标反算； (4) 会使用罗盘仪测定直线的磁方位角

【思政目标】

通过学习坐标方位角的推算以及坐标正算和坐标反算，培养学生科学严谨、耐心细致的学习态度，明白一分一毫的坐标误差都会造成不可估量的工程建设损失，培养学生具备良好的职业素养和责任心，提升学生学习的使命感。

课件浏览　直线
定向

7.1　直 线 定 向

7.1.1　概述

在测量工作中，为了把地面上的点位、直线等测绘到图纸上或将图上的点放样到地面上，常要确定点与点之间的平面位置关系。要确定这种关系，除了需要测量两点间的水平距离以外，还需要知道这条直线的方向。一条直线的方向是根据某一基准方向来确定的，确定一条直线与基准方向之间所夹的水平角的测量工作称为直线定向。

7.1.2　基准方向

基准方向也称为标准方向或起始方向，我国通用的基准方向有真子午线方向、磁子午线方向和坐标纵轴方向，简称为真北方向、磁北方向和轴北方向，即三北方向，如图7-1所示。

1. 真子午线方向

通过地球表面某点的真子午线的切线方向称为该点的真

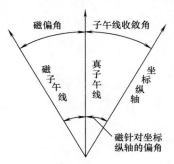

图7-1　三北方向

子午线方向，常用 N 表示。它是通过天文测量或用陀螺经纬仪测定的。

2. 磁子午线方向

通过地球表面某点的磁子午线的切线方向称为该点的磁子午线方向，常用 N_m 表示。它是用罗盘仪测定的，磁针在地球磁场的作用下自由静止时所指的方向即为磁子午线方向。

3. 坐标纵轴方向

我国采用高斯平面直角坐标系，其每一投影带中央子午线的投影为坐标纵轴方向，即 X 轴方向。若采用假定坐标系，则坐标纵轴方向作为标准方向。

7.1.3 直线方向的表示方法

在测量工作中，常用方位角和象限角来表示直线的方向。

1. 方位角

直线的方位角是指从基准方向线的北端起顺时针旋转至某直线所夹的水平角。其角值范围是 $0° \sim 360°$。

根据所选的基准方向不同，方位角又分为真方位角、磁方位角和坐标方位角三种。

（1）真方位角。从真子午线的北端起顺时针旋转到某直线所成的水平角称为该直线的真方位角，用 $A_真$ 表示。

（2）磁方位角。从磁子午线的北端起顺时针旋转到某直线所成的水平角称为该直线的磁方位角，用 $A_磁$ 表示。

（3）坐标方位角。从坐标纵轴的北端起顺时针旋转到某直线所成的水平角，称为该直线的坐标方位角，一般用 α 表示。

2. 象限角

在测量工作中，有时也用象限角表示直线的方向。象限角是从基准方向线的南端或北端量至某直线所成的水平夹角，一般用 R 表示，其角值范围是 $0° \sim 90°$。因为同样角值的象限角，在四个象限中都能找到，所以，用象限角定向时，不仅要表示出角度的大小，还要注明该直线所在的象限名称。象限角分别用北东、南东、北西和南西表示，如图 7 - 2 所示。

由于象限角常在坐标计算时用，故一般所说的象限角是指坐标象限角。

3. 坐标方位角与象限角之间的关系

坐标方位角与象限角之间的关系见表 7 - 1。

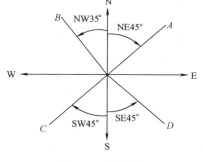

图 7 - 2　象限角

表 7 - 1　　　　　　　　　　坐标方位角与象限角之间的关系

象限		坐标方位角范围	由坐标方位角求坐标象限角	由坐标象限角求坐标方位角
编号	名称			
I	北东（NE）	$0° \sim 90°$	$R = \alpha$	$\alpha = R$
II	南东（SE）	$90° \sim 180°$	$R = 180° - \alpha$	$\alpha = 180° - R$
III	南西（SW）	$180° \sim 270°$	$R = \alpha - 180°$	$\alpha = 180° + R$
IV	北西（NW）	$270° \sim 360°$	$R = 360° - \alpha$	$\alpha = 360° - R$

7.1.4　几种方位角之间的关系

1. 真方位角与磁方位角之间的关系

由于地磁的两极与地球的两极并不重合，故同一点的磁北方向与真北方向一般是不一致的，两者之间的夹角称为磁偏角，以 δ 表示。真方位角与磁方位角之间关系如图 7-3 所示。

其换算关系式如下

$$A_真 = A_磁 + \delta \tag{7-1}$$

磁针北端偏向真北方向以东称为东偏，磁偏角为正；磁针北端偏向真北方向以西称西偏，磁偏角为负。以磁子午线作为基准方向线，仅适用于低精度测量。我国的磁偏角的变化范围大约在 $-10° \sim +6°$。

2. 真方位角与坐标方位角之间的关系

赤道上各点的真子午线方向是相互平行的，地面上其他各点的真子午线都收敛于地球两极，是不平行的。地面上各点的真子午线北方向与坐标纵线北方向之间的夹角，称为子午线收敛角，一般用 γ 表示。真方位角与坐标方位角的关系如图 7-4 所示，其换算关系式如下

$$A_真 = \alpha + \gamma \tag{7-2}$$

在中央子午线以东地区，各点的坐标纵线北方向偏在真子午线的东边，γ 为正值；在中央子午线以西地区，γ 为负值。

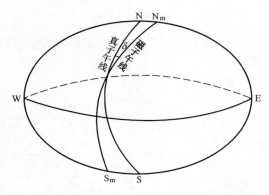

图 7-3　真方位角与磁方位角之间的关系

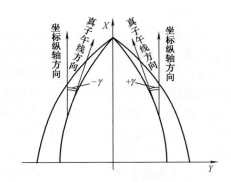

图 7-4　真方位角与坐标方位角的关系

3. 坐标方位角与磁方位角之间关系

已知某点的子午线收敛角 γ 和磁偏角 δ，则坐标方位角与磁方位角之间的关系为

$$\alpha = A_磁 + \delta - \gamma \tag{7-3}$$

7.1.5　罗盘仪及其构造

1. 罗盘仪的构造

罗盘仪是用来测定直线磁方位角的一种测量仪器。罗盘仪的种类很多，构造大同小异，其主要部件由磁针、度盘和望远镜三部分构成。图 7-5 所示为我国使用较多的一种国产罗盘仪。

磁针是由磁铁制成的，磁针位于刻度盘中心的顶针上，磁针静止时，一端指向地球的南

磁极，另一端指向北磁极。一般在磁针的北端涂有黑漆，南端缠绕有细铜丝，这是因为我国位于地球的北半球，磁针的北端受磁力的影响下倾，缠绕铜丝可以保持磁针水平。磁针下方有一小杠杆，不用时应拧紧杠杆一端的小螺钉，使磁针离开顶针，避免顶针不必要的磨损。

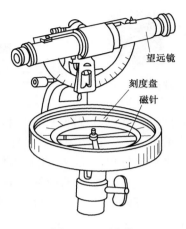

罗盘仪的度盘按逆时针方向为 0°～360°，最小分划为 1°或 30′，每 10°有一注记。

望远镜的物镜端与目镜端分别在刻划线 0°与 180°的上面。罗盘仪在定向时，刻度盘与望远镜一起转动瞄准目标，当磁针静止后，度盘上由 0°逆时针方向至磁针北端所指的读数，即为所测直线的方位角。

罗盘仪内装有两个相互垂直的长水准器，用于整平罗盘仪。

图 7-5　罗盘仪

罗盘仪的刻度盘如图 7-6 所示。

在线测试

2. 用罗盘仪测定直线磁方位角的方法

如图 7-7 所示，为了测定直线 AB 的方向，将罗盘仪安置在 A 点，用垂球对中，使刻度盘中心与 A 点处于同一铅垂线上，再用仪器上的水准管使刻度盘水平，松开磁针固定螺钉，使磁针处于自由状态，用望远镜瞄准 B 点，待磁针静止后读取磁针北端所指的读数，图 7-7 中读数为 150°，该读数即为直线 AB 的磁方位角。

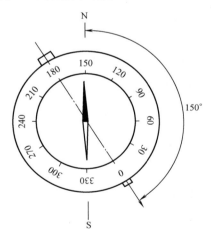

图 7-6　罗盘仪的刻度盘

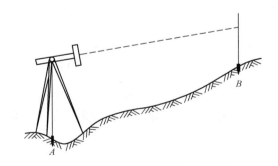

图 7-7　罗盘仪测定直线磁方位角

3. 罗盘仪使用时的注意事项

（1）罗盘仪须置平，磁针能自由转动，必须等待磁针静止时才能读数。

（2）使用罗盘仪时附近不能有任何铁器，应避开高压线、磁场等物质，否则磁针会发生偏转而影响测量结果。

（3）观测结束后，必须旋紧顶起螺钉，将磁针顶起，以免磁针磨损，并保护磁针的灵活性。若磁针长时间摆动还不能静止，则说明仪器使用太久，磁针的磁性不足，应进行充磁。

7.2　坐标方位角的推算

7.2.1　正、反坐标方位角

测量工作中，直线都是具有一定方向性的，一条直线存在正、反两个方向。通常以直线前进的方向为正方向。如图 7 - 8 所示，就直线 AB 而言，从 A 点到 B 点为前进方向，直线 AB 的坐标方位角 α_{AB} 称为正坐标方位角，直线 BA 的坐标方位角 α_{BA} 称为反坐标方位角。正、反坐标方位角的概念是相对的。

由于在一个高斯投影平面直角坐标系内的各点处，坐标北方向都是相互平行的，所以，一条直线的正、反坐标方位角互差 $180°$，即

$$\alpha_{BA} = \alpha_{AB} \pm 180° \qquad (7 - 4)$$

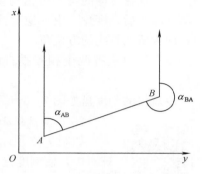

图 7 - 8　正、反坐标方位角

7.2.2　坐标方位角的推算

测量工作中并不直接测定每条直线的坐标方位角，而是根据已知方向和相关水平夹角推算直线的坐标方位角。

下面通过已知坐标方位角和观测的水平夹角 β 来推算直线的坐标方位角。如图 7 - 9 所示，折线 1—2—3—4—5 所夹的水平角 β_1、β_2、β_3，称为转折角。在推算时，β 角有左角和右角之分，左角（右角）是指该角位于推算前进方向左侧（右侧）的水平夹角。

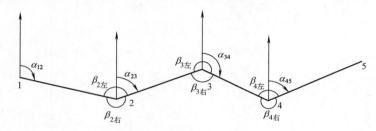

图 7 - 9　坐标方位角推算

1. 相邻两条边坐标方位角的推算

设 α_{12} 为已知方位角，各转折角为左角，则

$$\alpha_{23} = \alpha_{12} + \beta_{2左} - 180° \qquad (7 - 5)$$

同理有

$$\alpha_{34} = \alpha_{23} + \beta_{3左} - 180° \qquad (7 - 6)$$

$$\alpha_{45} = \alpha_{34} + \beta_{4左} - 180° \qquad (7 - 7)$$

$$\vdots$$

$$\alpha_{i(i+1)} = \alpha_{(i-1)i} + \beta_{i左} - 180° \qquad (7 - 8)$$

由此，可以得出按左角推算相邻边坐标方位角的计算公式为

$$\alpha_{前} = \alpha_{后} + \beta_{左} - 180° \qquad (7 - 9)$$

根据左、右角间的关系，将 $\beta_{左} = 360° - \beta_{右}$ 代入式（7 - 9），则有

$$\alpha_前 = \alpha_后 - \beta_右 + 180° \tag{7-10}$$

综合式（7-9）和式（7-10）可得出相邻两条边坐标方位角的计算公式为

$$\alpha_前 = \alpha_后 \pm \beta \pm 180° \tag{7-11}$$

2. 任意边坐标方位角的推算

将式（7-5）～式（7-8）左、右两边依次相加到所求的边，可得

$$\alpha_终 = \alpha_始 \pm \sum\beta \pm n \times 180° \tag{7-12}$$

式（7-12）即为坐标方位角计算的通式。

不难看出，式（7-11）是式（7-12）的特殊情况。

值得注意的事项如下：

（1）式（7-12）中，β 前"$\pm$"的取法如下：当 β 为左角时取"$+$"，当 β 为右角时取"$-$"。

（2）实际计算时，根据坐标方位角的范围在 0°～360° 这一特征，$n \times 180°$ 前的"$\pm$"可以任意取。坐标方位角可能出现大于 360° 或负值的两种情况，可通过 $\pm n \times 360°$，使坐标方位角取值在 0°～360° 范围内。

在线测试

（3）式（7-12）中，β 角是从起始边（已知方向）所在终点的转折角连续计算到终边（所求方向）始点的转折角。图 7-9 中，起始边 12 的终点为 2 点，2 点的转折角为 β_2，从 β_2 开始依次计算，直到终边 45 的始点 4 点的转折角 β_4。

【案例 7-1】　在图 7-9 中，已知 $\alpha_{12}=110°$，$\beta_2=120°$，$\beta_3=240°$，$\beta_4=100°$，求 α_{45}。

解　根据式（7-12）可得

$$\alpha_{45} = 110° + 120° + 240° + 100° + 3 \times 180° = 1110°$$

化为

$$1110° - 3 \times 360° = 30°$$

或

$$\alpha_{45} = 110° + 120° + 240° + 100° - 3 \times 180° = 30°$$

计算结果相同。

7.3　坐 标 计 算 原 理

课件浏览　坐标计算原理

地面上两点间的平面位置关系与该两点间的水平距离、坐标方位角密切相关。地面点的平面位置可以用该点的纵、横坐标来表示。

7.3.1　坐标增量

在平面上由一点移动到另一点时，其坐标的变化量称为坐标增量，一般用 Δx，Δy 表示，Δx 称为纵坐标增量，Δy 称为横坐标增量。两点的坐标增量即是两点的坐标差。

如图 7-10 所示，A、B 两点的坐标分别是 $A(x_A, y_A)$、$B(x_B, y_B)$，则 B 点相对于 A 点的坐标增量为

$$\Delta x_{AB} = x_B - x_A, \quad \Delta y_{AB} = y_B - y_A$$

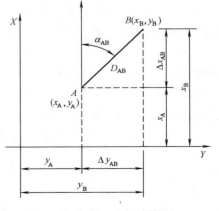

图 7-10　坐标计算

107

而 A 点相对于 B 点的坐标增量为

$$\Delta x_{BA} = x_A - x_B, \quad \Delta y_{BA} = y_A - y_B$$

可见，坐标增量是有方向的。

7.3.2 坐标正算

在线测试

根据直线起点的坐标、直线的水平距离及其坐标方位角来计算直线终点的坐标，称为坐标正算。如图 7-10 所示，已知直线 AB 的起点 A 的坐标 (x_A, y_A)，以及 AB 两点间的水平距离 D_{AB} 和 AB 边的坐标方位角 α_{AB}，计算终点 B 的坐标 (x_B, y_B) 可按下列步骤计算。

依数学公式可以得出

$$\left. \begin{array}{l} \Delta x_{AB} = D_{AB}\cos\alpha_{AB} \\ \Delta y_{AB} = D_{AB}\sin\alpha_{AB} \end{array} \right\} \tag{7-13}$$

B 点的坐标计算式为

$$\left. \begin{array}{l} x_B = x_A + \Delta x_{AB} = x_A + D_{AB}\cos\alpha_{AB} \\ y_B = y_A + \Delta y_{AB} = y_A + D_{AB}\sin\alpha_{AB} \end{array} \right\} \tag{7-14}$$

7.3.3 坐标反算

根据直线起点和终点的坐标，计算直线的水平距离和该直线的坐标方位角，称为坐标反算。

图 7-10 中，A、B 两点的水平距离及坐标方位角可按下列公式计算

$$D_{AB} = \sqrt{\Delta x_{AB}^2 + \Delta y_{AB}^2} = \sqrt{(x_B - x_A)^2 + (y_B - y_A)^2} \tag{7-15}$$

$$\alpha'_{AB} = \arctan\frac{y_B - y_A}{x_B - x_A} = \arctan\frac{\Delta y_{AB}}{\Delta x_{AB}} \tag{7-16}$$

根据坐标方位角定义可知，方位角的范围在 $0° \sim 360°$，从式（7-16）计算所得的角值，根据坐标增量 Δx_{AB}，Δy_{AB} 的符号变化，方位角将出现正负值。负值时，与方位角的定义不符，故需要进行象限判断，将其转化到 $0° \sim 360°$ 范围内。转化方法如下：

（1）当 $\Delta x_{AB} > 0$，$\Delta y_{AB} > 0$ 时，α_{AB} 是第 I 象限的角，其角值范围在 $0° \sim 90°$ 之间。所求的坐标方位角 α_{AB} 就等于计算的角值 α'_{AB}，即 $\alpha_{AB} = \alpha'_{AB}$。

（2）当 $\Delta x_{AB} < 0$，$\Delta y_{AB} > 0$ 时，α_{AB} 是第 II 象限的角，其角值范围在 $90° \sim 180°$ 之间。所求的坐标方位角 α_{AB} 等于计算所得的负角值 α'_{AB} 加上 $180°$，即 $\alpha_{AB} = \alpha'_{AB} + 180°$。

（3）当 $\Delta x_{AB} < 0$，$\Delta y_{AB} < 0$ 时，α_{AB} 是第 III 象限的角，其角值范围在 $180° \sim 270°$ 之间。所求的坐标方位角 α_{AB} 等于计算所得的正角值 α'_{AB} 加上 $180°$，即 $\alpha_{AB} = \alpha'_{AB} + 180°$。

（4）当 $\Delta x_{AB} > 0$，$\Delta y_{AB} < 0$ 时，α_{AB} 是第 IV 象限的角，其角值范围在 $270° \sim 360°$ 之间。所求的坐标方位角 α_{AB} 等于计算所得的负角值 α'_{AB} 加上 $360°$，即 $\alpha_{AB} = \alpha'_{AB} + 360°$。

若先计算出坐标方位角值，A、B 两点间的水平距离也可用下式计算和检核

$$D_{AB} = \frac{\Delta y_{AB}}{\sin\alpha_{AB}} = \frac{\Delta x_{AB}}{\cos\alpha_{AB}} \tag{7-17}$$

【案例 7-2】 已知 A 点的坐标为（586.28，658.63），AB 边的边长为 120.25m，AB 边的坐标方位角 $\alpha_{AB} = 50°30'$，试求 B 点坐标。

解
$$x_B = 586.28 + 120.25\cos50°30' = 662.77$$
$$y_B = 658.63 + 120.25\sin50°30' = 751.42$$

【案例7-3】　已知 A，B 两点的坐标为 A（400.00，672.43），B（316.28，750.24），试计算 AB 的边长及 AB 边的坐标方位角。

解
$$D_{AB} = \sqrt{(316.28-400.00)^2 + (750.24-672.43)^2} = 114.30$$
$$\alpha_{AB} = \arctan\frac{750.24-672.43}{316.28-400.00} = -42°54'17''$$

由于 $\Delta x_{AB} < 0$，$\Delta y_{AB} > 0$，所以 α_{AB} 应为第 Ⅱ 象限的角，根据坐标方位角的判别方法

$$\alpha_{AB} = -42°54'17'' + 180° = 137°05'43''$$

项　目　小　结

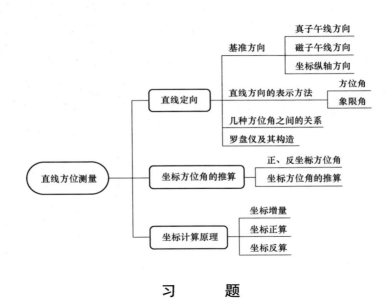

习　　　题

1. 什么叫直线定向？为什么要进行直线定向？

2. 测量上作为定向依据的基准方向有几种？

3. 什么叫方位角？方位角有几种？它们之间的关系是什么？

4. 已知直线 AB 的坐标方位角为 $138°46'$，则直线 BA 的坐标方位角是多少？

5. 如图7-11所示，已知 AB 边的坐标方位角为 $150°30'00''$，观测的转折角 $\beta_1 = 110°54'45''$，$\beta_2 = 120°36'42''$，$\beta_3 = 106°24'36''$，试计算 DE 边的坐标方位角。

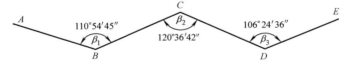

图7-11　导线示意图

6. 已知 A 点的坐标为 A（468.26，549.371），AB 边的边长为 $D_{AB}=105.36\mathrm{m}$，AB 边的坐标方位角为 $\alpha_{AB}=60°45'$，试求 B 点的坐标。

7. 已知 A 点的坐标为 A（236.45，782.51），B 点的坐标为 B（458.63，548.29），试求 AB 的边长 D_{AB} 及 AB 边的方位角 α_{AB}。

8. 怎样使用罗盘仪测定直线的磁方位角？

项目 8　平面控制测量

【主要内容】

控制测量的概念和分类；国家基本平面控制网、城市及工程平面控制网、图根平面控制网；控制测量的常用方法；导线测量的外业工作及施测要求；导线测量内业成果计算方法；交会测量等。

重点：导线测量的外业测量工作；导线测量内业成果计算。

难点：闭合导线坐标计算；附合导线坐标计算。

【学习目标】

知识目标	能力目标
（1）掌握控制测量的概念和分类； （2）了解国家平面控制网、城市和工程控制网； （3）掌握导线测量外业工作的内容及施测要求； （4）掌握导线测量内业计算方法； （5）了解交会定点的基本知识	（1）能根据工程情况选择合理的平面控制测量方法； （2）能根据工程情况选择合理的导线布置形式； （3）能进行导线选点布网以及外业观测； （4）会闭合导线和附合导线的成果计算； （5）会衡量导线测量的精度

【思政目标】

通过学习平面控制网的分类，增强学生的爱国热情，深刻认识到测量专业对我国经济发展所做出的巨大贡献，产生强烈的民族自豪感；通过学习平面控制测量的外业工作内容和内业计算方法，培养学生的团队合作意识、一丝不苟的工匠精神以及勇于面对挫折、坚定必胜的信念。

8.1　控制测量基本知识

任何测量工作均不可避免地存在误差，随着测量工作的开展，误差在测量数据的传递过程中不断积累，将越来越影响测量成果的准确性，为了限制测量误差的传播，满足测图或施工的需要，必须遵循"从整体到局部，先控制后碎部"的原则，在测绘地形图或施工放样之前进行控制测量。

课件浏览　控制测量基本知识

8.1.1　控制测量的基本概念

（1）控制点：在测区范围内选定一些对整体具有控制作用的点，称为控制点。

（2）控制网：将相关控制点联系起来，按一定的规律和要求构成网状几何图形，在测量上称为控制网，控制网分为平面控制网和高程控制网。

（3）控制测量：用精密仪器和严密的方法精确测定各控制点位置的工作称为控制测量。控制测量分为平面控制测量和高程控制测量。

8.1.2　国家基本平面控制网

在全国范围内建立的平面控制网，称为国家基本平面控制网（见图 8-1）。它提供了全国性的、统一的空间定位基准，是全国各种比例尺测图和工程建设的基本控制，也为空间科

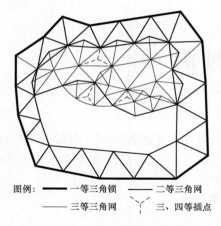

图例：
— 一等三角锁 　　　Y 二等三角网
—— 三等三角网 　　　Y 三、四等插点

图 8-1　国家平面控制网

学和军事应用提供精确的点位依据。

　　建立国家平面控制网的常规方法有三角测量和导线测量。三角测量是在地面上选定若干个控制点（称为三角点），相邻控制点连接起来构成连续的三角形，观测三角形的内角，精密测定一条或几条边的边长和方位角，根据起点坐标来推求各三角点的平面位置。以此建立起来的控制网称为三角网，如图 8-2 所示。测定每个三角形的边长和起始方位角，再根据起始点坐标推求各顶点的平面位置的测量方法称为三边测量，以此建立的控制网称为三边网。将地面上一系列的点依相邻次序连成折线形式，依次测定各折线的长度、转折角，再根据起始数据推求各点平面位置的测量方法，称为导线测量。以此建立的控制网称为导线网，如图 8-3 所示。

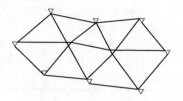

图 8-2　三角网

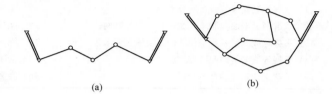

(a)　　　　　　　　(b)

图 8-3　导线网

　　国家平面控制网按精度分为一、二、三、四等。一、二等三角测量属于国家基本控制测量，三、四等三角测量属于加密控制测量。等级导线的主要技术指标见表 8-1。

表 8-1　　　　　　　　　　　　　**等级导线的主要技术指标**

等级	导线边长/km	测角中误差/($''$)	导线节边数	边长测定相对中误差
一	10～30	±0.7	<7	1/250 000
二	10～30	±1.0	<7	1/200 000
三	7～20	±1.8	<20	1/150 000
四	4～15	±2.5	<20	1/100 000

8.1.3　城市与工程平面控制网

1. 城市控制网

　　为城市规划设计而建立的控制网称为城市控制网。城市控制网一般是在国家基本控制网基础上分级布设的控制网。建立城市控制网的技术要求见《城市测量规范》（CJJ/T 8—2011）。城市平面控制网的布设及精度，中小城市一般以国家三等、四等网作为首级控制网，面积较小的城市，可用四等或四等以下的小三角网或一级导线作为首级控制。城市平面控制网可布设成三角网、精密导线网、GNSS 网。三角网、边角网和 GNSS 网的精度等级依次为二等、三等、四等和一级、二级；导线网的精度等级依次为三等、四等和一级、二级、三级。

2. 工程控制网

　　为满足各类工程建设而建立的平面控制网称为工程平面控制网。建立工程控制网的技术要求见《工程测量规范》（GB 52006—2007）。

3. 图根平面控制网

在线测试

直接为测图而建立的平面控制网称为图根平面控制网。组成图根控制网的控制点称为图根点。小测区建立图根控制网时，如测区内或测区外有国家控制点，应与国家控制点联测，将本测区纳入国家统一的坐标系。如测区附近无国家控制点，或联测有困难，可采用独立的坐标系。

建立图根平面控制网的方法有图根导线测量和图根三角锁测量。局部地区也可采用全站仪极坐标法和交会定点法加密图根点。图根控制点的密度应根据地形条件和测图比例尺的大小而定，一般平坦开阔地区图根平面控制点的密度不宜小于表 8-2 的规定。

表 8-2　　　　　　　　　　平坦开阔地区的图根控制点的密度

测图比例尺	1∶500	1∶1000	1∶2000	1∶5000
图根点密度/（点/km^2）	150	50	15	5
每幅图的控制点数	9	12	15	20

8.1.4　控制测量常用方法

控制测量分为平面控制测量和高程控制测量。平面控制测量常用的方法有三角测量、三边测量、边角测量、导线测量、全球定位系统（GPS）等。高程控制测量常用的方法有水准测量、三角高程测量和（GPS）高程测量。随着科学技术的发展和现代化高新仪器设备的应用，三角测量这一传统定位技术将逐步被 GPS 定位技术所取代。本章主要介绍导线测量、交会定点等。GPS 定位技术将在有关课程中介绍。

各级导线测量的主要技术指标见表 8-3。

表 8-3　　　　　　　　　　各级导线测量的主要技术指标

等级	导线长度/km	平均边长/km	测角中误差/（″）	测回数 DJ$_6$	测回数 DJ$_2$	角度闭合差/（″）	导线全长相对闭合差
一级	4	0.5	5	4	2	$\pm10\sqrt{n}$	1/15 000
二级	2.4	0.25	8	3	1	$\pm16\sqrt{n}$	1/10 000
三级	1.2	0.1	12	2	1	$\pm24\sqrt{n}$	1/5000
图根	≤1.0M	≤1.5 倍测图最大视距	20	1		$\pm40\sqrt{n}$（首级）$\pm60\sqrt{n}$（一般）	1/2000

注　表中 n 为测角个数；M 为测图比例尺分母。

8.2　导 线 测 量

课件浏览　导线
测量

8.2.1　导线测量概述

导线测量是建立平面控制的常用方法。其特点是布设灵活，要求通视方向少，边长直接丈量，精度均匀。它适用于狭长地带、隐蔽地区、地物分布较复杂的城市地区。用经纬仪测量转折角，钢尺丈量边长的导线，通常称为经纬仪导线；用测距仪或全站仪测量边长的导线称为光电测距导线。根据测区的具体情况，可将导线布设成下列几种形式。

1. 闭合导线

如图8-4所示，以高级控制点 A、B 中的 A 为起点，AB 边的方位角 α_{AB} 为起始方位角，经过若干个导线点后，仍回到起始点 A，形成一个闭合多边形的导线称为闭合导线。

2. 附合导线

如图8-5所示，以高级控制点 A 为起始点，BA 方向为起始方向，经过若干个导线点后，附合到另外一个高级控制点 C 和已知方向 CD 边上，这种导线称为附合导线。

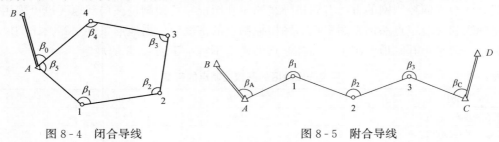

图8-4　闭合导线　　　　　　　　　图8-5　附合导线

3. 支导线

从一高级控制点上引伸的导线，如图8-6中所示，它既不闭合到起始的控制点上，也不附合到另一高级控制点上，这种导线称为支导线。支导线没有检核条件，有错误也不易发现，故一条支导线一般不能多于3个点。

闭合导线、附和导线和支导线统称为单一导线。

4. 单结点导线

如图8-7所示，从三个或更多的已知控制点开始，几条单导线汇合于一个结点的导线称为单结点导线。

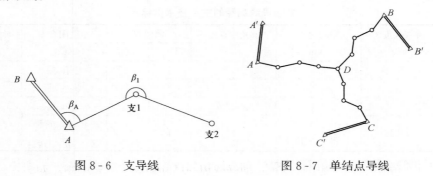

图8-6　支导线　　　　　　　　　图8-7　单结点导线

5. 导线网

如图8-8所示，由两个以上结点或两个以上闭合环构成的网状图形称为导线网。

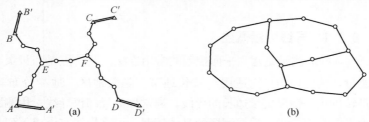

图8-8　导线网

导线按精度可分为一、二、三级导线和图根导线，其主要技术指标见表8-3。

8.2.2 导线测量的外业工作

导线测量的外业工作包括：选点、测角、量边、定向。

1. 选点

根据测区的地形情况选择一定数量的导线点。在选点之前，应收集测区已有的小比例尺地形图和控制点的成果资料，然后在地形图上拟定导线的布设方案，最后到野外进行实地踏勘，根据实地情况进行修改与调整，选定点位并建立标志。若无地形图可利用时，实地踏勘选点。选点时应注意以下几点：

（1）相邻点间要通视，以便于测角和量边。

（2）点位要选在土质坚实的地方，以便于保存点的标志和安置仪器。

（3）导线点应选择在周围地势开阔的地点，以便于测图时充分发挥控制点的作用。

（4）导线边长要大致相等，以使测角的精度均匀。

（5）导线点的数量要足够，密度要均匀，以便控制整个测区。

导线点选定后，用木桩（或钢筋钉）打入地面，桩顶钉一小铁钉，以表示点位。在水泥地面上也可用红漆圈一圆圈，圆内点一小点或画一"十"字作为临时性标志。重要的地方应埋设水泥桩，桩顶嵌入带有"十"字的金属标志。为了便于测量和使用管理，导线点要统一编号，并绘制导线线路草图和点之记。

2. 水平角观测

导线转折角有左、右之分，以导线为界，沿前进方向左侧的角称为左角，沿前进方向右侧的角称为右角。在附合导线中一般测量其左角，在闭合导线中一般测量其内角。闭合导线若按逆时针方向编号，其内角即为左角，反之均为右角。对于图根导线，一般用 DJ_6 经纬仪观测一个测回，盘左、盘右测得角度之差不得大于 $40''$，并取平均值作为最后角度。

3. 边长测量

导线边长可以用光电测距仪测定，也可用钢尺丈量。若用测距仪测定，应测定导线边的水平长度；若用钢尺丈量，对一、二、三级导线，应采用精密量距法进行丈量；对于图根导线，则用一般方法往返进行丈量，其相对误差一般不得超过 1/3000，在特殊困难地区也不得超过 1/1000。

在线测试

4. 导线定向

导线定向的目的是使导线点的坐标纳入国家坐标系或该地区的统一坐标系中。当导线与测区已有控制点连接时，必须测出连接角，即导线边与已知边发生联系的角，如图8-4中所示的 β_0 和图8-5中所示的 β_A、β_C。对于独立导线，须用罗盘仪测定起始方位角 α_{12}（图8-9）。

8.2.3 导线测量的内业计算

导线测量外业结束后即可进行内业计算，内业计算的目的是求出各导线点的坐标。计算前应检查外业观测成果有无丢失、记错或算错，成果是否符合规范规定的精度要求。同时要绘制草图注明导线点号和相应的边长、角度，以供计算时使用。闭合导线和附合导线都要满足一定的几何条件。外业观测数据虽已达到规定的精度要求，但难免还包含有误差，使得内业计算中观测结果不能满足图形的几何条

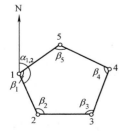

图8-9 闭合导线

件，而产生闭合差。所以，在导线内业计算中，要合理的分配这些闭合差，最后计算出各导线点的坐标。

1. 闭合导线的内业计算

闭合导线必须满足的条件：一是多边形的内角和条件，二是坐标条件。闭合导线按下述步骤进行计算。

（1）角度闭合差计算与调整。n 边形内角和的理论值应为

$$\sum \beta_{理} = (n-2) \times 180° \tag{8-1}$$

由于测角误差的影响，使观测所得的内角和 $\sum \beta_{测}$ 不等于理论值 $\sum \beta_{理}$，二者之差称为角度闭合差，用 f_β 表示

$$f_\beta = \sum \beta_{测} - \sum \beta_{理} = \sum \beta_{测} - (n-2) \times 180° \tag{8-2}$$

对于图根导线，角度闭合差的容许值一般为

$$f_{\beta允} = \pm 60'' \sqrt{n} \tag{8-3}$$

当角度闭合差 $f_\beta \leqslant f_{\beta允}$ 时，将角度闭合差以相反的符号平均分配给各观测角，即在每个角度观测值上加上一个改正数 v，其数值为

$$v = -\frac{f_\beta}{n} \tag{8-4}$$

改正值 v 取值到秒。当 f_β 不能被 n 整除而有余秒数时，可将余秒数人为调整到短边的邻角上。经改正后的角值总和应等于理论值，以此来校核计算是否有误。

（2）导线各边坐标方位角的推算。角度闭合差调整好后，用改正后的角值从第一条边的已知方位角开始依次推算出其他各边的方位角。其计算式为

$$\alpha_{前} = \alpha_{后} \pm 180° \pm \beta \tag{8-5}$$

对于式（8-5）中 $\pm 180°$，若 $\alpha_{后}$ 小于 180° 则取 $+180°$，否则取 $-180°$。对于式（8-5）中的 $\pm \beta$，若 β 为左角则取 $+\beta$，否则取 $-\beta$。

在推算方位角时，要从最后一条边的方位角再推算起始边的方位角，其值和已知方位角一定相等，以此作为方位角计算中的校核。

（3）坐标增量及坐标增量闭合差的计算与调整。当已知导线各边边长和坐标方位角后，可按下式计算各边的坐标增量

$$\left. \begin{array}{l} \Delta x = D\cos\alpha \\ \Delta y = D\sin\alpha \end{array} \right\} \tag{8-6}$$

为了满足坐标条件，闭和导线各边坐标增量的代数和理论上应等于零，即

$$\left. \begin{array}{l} \sum \Delta x_{理} = 0 \\ \sum \Delta y_{理} = 0 \end{array} \right\} \tag{8-7}$$

由于量距误差的存在和角度闭合差调整后的残余误差的影响，使计算所得坐标增量的代数和不等于零，此值称为闭合导线的坐标增量闭合差，用式（8-8）表示

$$\left. \begin{array}{l} f_x = \sum \Delta x_{测} \\ f_y = \sum \Delta y_{测} \end{array} \right\} \tag{8-8}$$

由于坐标增量闭和差的存在致使图 8-10 中的 A、A' 两点不重合而产生了 f 的缺口，f 称为全长闭合差。f 的大小可用下式求得

$$f = \sqrt{f_x^2 + f_y^2} \qquad (8-9)$$

导线测量精度高低通常用全长相对闭合差 K 来衡量，导线全长闭合差 f 与导线全长之比称为导线全长相对闭合差，简称为导线相对闭合差，一般化成分子为 1 的分数来表示，即

$$K = \frac{f}{\sum D} = \frac{1}{\sum D / f} \qquad (8-10)$$

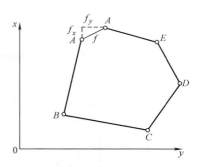

图 8-10 导线全长闭合差

经纬仪导线的相对闭合差，应不大于表 8-3 中的规定。若 K 值符合精度要求，可将增量闭合差以相反的符号，按各边长度成比例分配给各坐标增量，使改正后的坐标增量的代数和等于零。各坐标增量改正值 δ_x、δ_y 可按下式计算

$$\left.\begin{array}{l} \delta_{xi} = -\dfrac{f_x}{\sum D} D_i \\[3mm] \delta_{yi} = -\dfrac{f_y}{\sum D} D_i \end{array}\right\} \qquad (8-11)$$

式中 δ_{xi}、δ_{yi}——第 i 条边的纵、横坐标增量的改正值；

$\quad\quad D_i$——第 i 条边的边长；

$\quad\quad \sum D$——导线全长。

纵横坐标增量改正值之和应满足下式

$$\left.\begin{array}{l} \sum \delta_x = -f_x \\ \sum \delta_y = -f_y \end{array}\right\} \qquad (8-12)$$

坐标增量改正值计算好后，写在增量计算值的上面。为书写简便，通常以坐标增量的末位为单位书写，并应上下对齐。然后算出改正后的纵、横坐标增量，此时纵、横坐标增量的代数和应分别等于零。

（4）导线点的坐标计算。根据起始点的已知坐标和改正后的坐标增量，按计算路线依次计算各导线点的坐标。即

$$\left.\begin{array}{l} x_2 = x_1 + \Delta x_{12改} \\ y_2 = y_1 + \Delta y_{12改} \end{array}\right\} \qquad (8-13a)$$

$$\left.\begin{array}{l} x_3 = x_2 + \Delta x_{23改} \\ y_3 = y_2 + \Delta y_{23改} \end{array}\right\} \qquad (8-13b)$$

最后推算出起点坐标。二者应完全相等，以此作为坐标计算的校核。

【闭合导线案例】

图 8-11 为一独立闭合导线，已知 A 点的坐标为 A（80.000，500.000），起始边坐标方位角、角度及边长观测值均标注于图中，试计算其他各导线点的坐标。

计算过程和结果详见表 8-4。

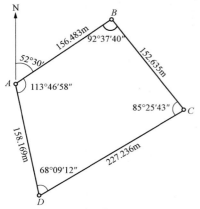

图 8-11 闭合导线案例示意图

2. 附合导线的内业计算

附合导线的内业计算步骤与闭合导线相同，但由于附合导线与闭合导线的几何图形不同，

表 8-4

闭合导线坐标计算表

测站	角度观测值 /(° ′ ″)	改正值 /″	改正后角值 /(° ′ ″)	坐标方位角 /(° ′ ″)	边长 /m	坐标增量 /m (改正数)		改正后坐标增量 /m		坐标值 /m	
						ΔX	ΔY	ΔX′	ΔY′	X	Y
1	2	3	4	5	6	7	8	9	10	11	12
A				52 30 00	156.483	−0.015 +95.261	−0.037 +124.146	+95.246	+124.109	800.000	500.000
B	92 37 40	+7	92 37 47	139 52 13	152.635	−0.014 −116.703	−0.036 +98.376	−116.717	+98.340	895.246	624.109
C	85 25 43	+7	85 25 50	234 26 23	227.236	−0.022 −132.151	−0.054 −184.857	−132.173	−184.911	778.529	722.449
D	68 09 12	+6	68 09 18	346 17 05	158.169	−0.015 +153.659	−0.037 −37.501	+153.644	−37.538	646.356	537.538
A	113 46 58	+7	113 47 05	52 30 00						800.000	500.000
B											
Σ	359 59 33	+27	360 00 00		694.523	+0.066	+0.164	0	0		

辅助计算

$f_\beta = -27''$，$f_{容} = \pm 60''\sqrt{4} = \pm 120''$，$\sum D = 694.523 \text{m}$，$f_x = +0.066 \text{m}$，$f_y = +0.164 \text{m}$

$f = \sqrt{f_x^2 + f_y^2} = 0.177 \text{m}$，$K = \dfrac{f}{\sum D} = \dfrac{1}{3924}$

118

满足的几何条件也就不同。附合导线角度闭合差的计算及纵、横坐标增量闭合差的计算与闭合导线有所不同。下面着重介绍不同之处。

（1）角度闭合差的计算。图 8-12 所示为两端附合在高级点 A、B 和 C、D 上的附合导线，根据式（8-5），从起始边 AB 的方位角 α_{AB} 通过各转角 β，可推算出各边方位角直至终边方位角 $\alpha_{CD测}$

$$\alpha_{CD测}=\alpha_{AB}+n\times 180°+\sum\beta \tag{8-14}$$

用式（8-14）计算终边方位角应减去若干个 360°，使 $\alpha_{CD测}$ 在 360° 以内。由于角度观测值存在有误差，使得 $\alpha_{CD测}$ 与已知的 α_{CD} 不相等，而产生了角度闭合差 f_β，即

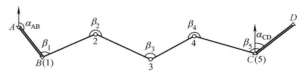

图 8-12　附合导线

$$f_\beta=\alpha_{AB}+n\times 180°+\sum\beta-\alpha_{CD} \tag{8-15}$$

附合导线角度闭合差容许值与调整方法与闭合导线相同。

（2）坐标增量闭和差的计算。附合导线的起点 B 和终点 C 都是高级控制点，两点坐标增量的理论值为

$$\left.\begin{array}{l}\sum\Delta x_{理}=x_C-x_B\\\sum\Delta y_{理}=y_C-y_B\end{array}\right\} \tag{8-16}$$

由于测量的角度和边长均存在有误差，根据改正后的方位角和边长所计算的坐标增量之和往往不等于式（8-16）的理论值，其差值称为附合导线坐标增量闭合差。即

$$\left.\begin{array}{l}f_x=\sum\Delta x_{测}-(x_C-x_B)\\f_y=\sum\Delta y_{测}-(y_C-y_B)\end{array}\right\} \tag{8-17}$$

有关附合导线的全长闭合差的计算和全长相对闭合差的计算以及 f_x、f_y 的调整方法与闭合导线完全相同。

【附合导线案例】

图 8-13 为一附合导线，A、B、C、D 为已知控制点，B、C 两点的坐标为 B（1944.540，2053.860），C（2138.380，2975.800），坐标方位角 α_{AB}、α_{CD} 以及其他观测数据均标注于图中，试计算其他各导线点的坐标。

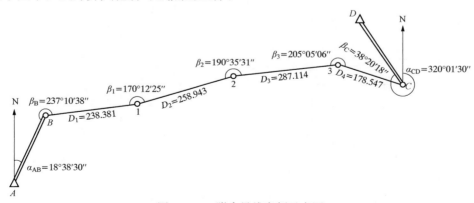

图 8-13　附合导线案例示意图

计算过程和结果详见表 8-5。

表 8-5

附合导线坐标计算表

测站	角度观测值 /(°′″)	改正值 /″	改正后角值 /(°′″)	方位角 /(°′″)	边长 /m	坐标增量/m（改正数） ΔX	ΔY	改正后坐标增量/m ΔX′	ΔY′	坐标值/m X	Y
1	2	3	4	5	6	7	8	9	10	11	12
A				18 38 30							
B	237 10 38	−12	237 10 26	75 48 56	238.381	−0.034 / +58.414	+0.021 / +231.113	+58.380	+231.134	1944.540	2053.860
1	170 12 25	−11	170 12 14	66 01 10	258.943	−0.036 / +105.241	+0.022 / +236.592	+105.205	+236.614	2002.920	2284.994
2	190 35 31	−11	190 35 20	76 36 30	287.114	−0.040 / +66.497	+0.025 / +279.307	+66.457	+279.332	2108.125	2521.608
3	205 05 06	−12	205 04 54	101 41 24	178.547	−0.025 / −36.177	+0.016 / +174.844	−36.202	+174.860	2174.582	2800.940
C	38 20 18	−12	38 20 06	320 01 30						2138.380	2975.800
D											
Σ	841 23 58	−58	841 23 00		962.985	+193.975	+921.856	+193.840	+921.940		

辅助计算	$f_\beta = +58''$，$f_{\beta容} = \pm 60''\sqrt{5} = \pm 134''$，$\sum D = 962.985\text{m}$，$f_x = +0.135\text{m}$，$f_y = -0.084\text{m}$ $f = \sqrt{f_x^2 + f_y^2} = 0.159\text{m}$，$K = \dfrac{f}{\sum D} = \dfrac{1}{6056}$

8.3　交　会　测　量

课件浏览　交会
测量

当局部地区的控制点密度不能满足测图和施工需要时，可在原有控制点上采用交会的方法测量控制点，称为交会定点。交会定点分测角交会和测边交会。测角交会常用的方法有单三角形、前方交会、侧方交会和后方交会。

8.3.1　单三角形

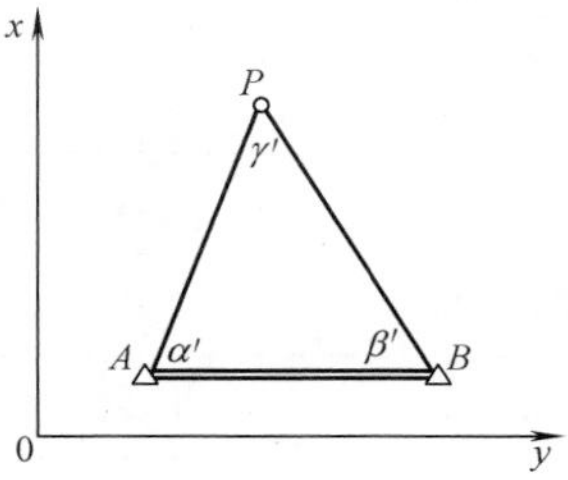

如图 8 - 14 所示，图中 A (x_A，y_A)，B (x_B，y_B) 是已知控制点，P 点是待求点。观测了三角形的内角 α'、β'、γ'，求 P 点坐标 (x_P，y_P)。

由于角度观测值带有误差，三个内角的观测值之和一般不等于 180°，即存在三角形闭合差 f_β

图 8 - 14　单三角形

$$f_\beta = \alpha' + \beta' + \gamma' - 180° \tag{8 - 18}$$

为了满足三角形内角和等于 180° 的条件，将 f_β 反号平均分配到三个观测角上，即

$$v_\alpha = v_\beta = v_\gamma = -\frac{f_\beta}{3} \tag{8 - 19}$$

$$\left.\begin{array}{l} \alpha = \alpha' + v_\alpha \\ \beta = \beta' + v_\beta \\ \gamma = \gamma' + v_\gamma \end{array}\right\} \tag{8 - 20}$$

由 A，B 两点的坐标反算 D_{AB} 和 α_{AB}，即

$$D_{AB} = \sqrt{(x_B - x_A)^2 + (y_B - y_A)^2} \tag{8 - 21}$$

$$\alpha_{AB} = \arctan\frac{y_B - y_A}{x_B - x_A} \tag{8 - 22}$$

再求出 α_{AP} 和 D_{AP}，即

$$\alpha_{AP} = \alpha_{AB} - \alpha \tag{8 - 23}$$

$$D_{AP} = D_{AB}\frac{\sin\beta}{\sin\gamma} = D_{AB}\frac{\sin\beta}{\sin(\alpha + \beta)} \tag{8 - 24}$$

在求得 AP 边的边长和 AP 边的方位角后，就可以根据坐标正算的方法，求出 P 点的坐标 (x_P，y_P)

$$\left.\begin{array}{l} x_P = x_A + D_{AP}\cos\alpha_{AP} \\ y_P = y_A + D_{AP}\sin\alpha_{AP} \end{array}\right\} \tag{8 - 25}$$

将 α_{AP} 和 D_{AP} 带入式（8 - 25）并整理可得

$$\left.\begin{array}{l} x_P = \dfrac{x_A\cot\beta + x_B\cot\alpha - y_A + y_B}{\cot\alpha + \cot\beta} \\[2mm] y_P = \dfrac{y_A\cot\beta + y_B\cot\alpha + x_A - x_B}{\cot\alpha + \cot\beta} \end{array}\right\} \tag{8 - 26}$$

式（8 - 25）也是前方交会、侧方交会坐标计算的基本公式，常称为余切公式或戎格公式。应用该公式时，必须注意 A、B、P 三点按逆时针编号，且 α、β 角应与图 8 - 14 相一致。

单三角形的算例见表8-6。

表8-6   单 三 角 形 计 算 表

示意图	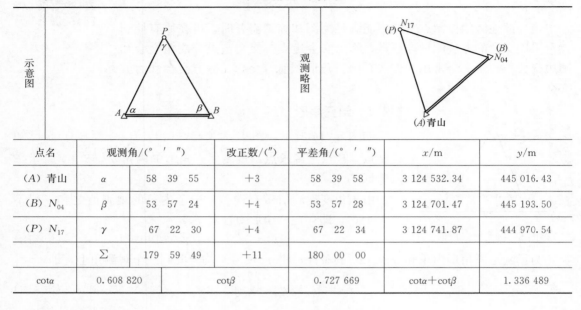			观测略图		

点名	观测角/(° ′ ″)		改正数/(″)	平差角/(° ′ ″)		x/m	y/m
(A) 青山	α	58 39 55	+3	58 39 58		3 124 532.34	445 016.43
(B) N_{04}	β	53 57 24	+4	53 57 28		3 124 701.47	445 193.50
(P) N_{17}	γ	67 22 30	+4	67 22 34		3 124 741.87	444 970.54
	Σ	179 59 49	+11	180 00 00			
$\cot\alpha$	0.608 820		$\cot\beta$	0.727 669		$\cot\alpha+\cot\beta$	1.336 489

8.3.2　前方交会

如图8-15所示，在两个已知控制点A、B上分别安置仪器测定两水平角α和β，以计算待定点P的坐标。这种方法称为前方交会。

与单三角形相比，前方交会未测定第三个内角γ。而γ可计算得到，即

$$\gamma=180°-(\alpha+\beta) \tag{8-27}$$

这样可以应用式（8-26）计算待定点P的坐标。

为了保证交会点的精度，交会角γ应在30°～150°之间。

为了检核，通常需要从三个已知点A，B，C分别向P点进行角度观测，如图8-16所示，即在三个已知点上观测了两组角度α_1、β_1和α_2、β_2。

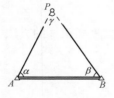

图8-15　前方交会

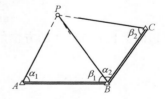

图8-16　三点前方交会

这样可以按两个三角形，并分别将观测角度和已知点坐标代入公式（8-26），计算P点坐标，得到(x'_P, y'_P)和(x''_P, y''_P)两组坐标数据。由于存在测量误差，两组坐标并不相等，纵、横坐标的较差为

$$\left.\begin{array}{l} \delta_x = x'_P - x''_P \\ \delta_y = y'_P - y''_P \end{array}\right\} \tag{8-28}$$

点位移为

$$e = \sqrt{\delta_x^2 + \delta_y^2} \tag{8-29}$$

规范规定，当位移 e 不大于测图比例尺精度的 2 倍，即

$$e = \sqrt{\delta_x^2 + \delta_y^2} \leqslant e_{容} = 2 \times 0.1M(\text{mm}) = \frac{M}{5000}(\text{m}) \tag{8-30}$$

式中 M——测图比例尺分母。

取其平均值作为 P 点的最后坐标

$$\left.\begin{array}{l} x_P = \dfrac{x_P' + x_P''}{2} \\[2mm] y_P = \dfrac{y_P' + y_P''}{2} \end{array}\right\} \tag{8-31}$$

前方交会算例见表 8-7。

表 8-7　　　　　　　　　　　　前方交会算例

略图与公式	$\begin{cases} x_P = \dfrac{x_A \cot\beta + x_B \cot\alpha - y_A + y_B}{\cot\alpha + \cot\beta} \\[3mm] y_P = \dfrac{y_A \cot\beta + y_B \cot\alpha + x_A - x_B}{\cot\alpha + \cot\beta} \end{cases}$						
已知数据	x_A	3646.35	y_A	1054.54	x_B	3873.96	y_B	1772.68
	x_B	3873.96	y_B	1772.68	x_C	4538.45	y_C	1862.57
观测角	α_1	64°03′30″	β_1	59°46′40″	α_2	55°30′36″	β_2	72°44′47″
计算结果	x_{P1}	4421.71	y_{P1}	1168.43	x_{P2}	4421.68	y_{P2}	1168.50
	$x_P = 4421.70$			$y_P = 1168.46$				
校核计算	$e = \sqrt{\delta_x^2 + \delta_y^2} = \sqrt{0.03^2 + (-0.07)^2} = 0.076\text{m} < e_{容} = 0.2 \times 1000 = 0.2\text{m}$						
	测图比例尺分母 $M = 1000$						

应用式（8-26）计算 P 点坐标时，野外图形要参照典型图形（见表 8-7）中的略图，将三个已知点按反时针方向编号为 A、B、C，第一个三角形中 A 点的观测角为 α_1，B 点的观测角为 β_1，第二个三角形中 B 点的观测角为 α_2，C 点的观测角为 β_2。不能搞错。

8.3.3 侧方交会

图 8-17 所示为侧方交会的基本图形。在一已知控制点 B（或 A）与待定点 P 上设站，分别观测 β（或 α）和 γ、ε 角。根据观测角 β（或 α）和 γ，在三角形 ABP 中计算出另一已知点的内角 α（或 β），再由已知点 A、B 的坐标和 α、β，应用余切公式计算出 P 点坐标。

为了校核观测角和观测成果的正确性，通常采用检查观测角的方法来校核。即根据已知点 B、C 的坐标和求得的 P 点坐标，求出角 $\varepsilon_{计}$

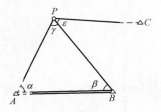

$$\varepsilon_{计} = \alpha_{PB} - \alpha_{PC} \qquad (8-32)$$

观测角 $\varepsilon_{测}$ 与 $\varepsilon_{计}$ 的较差为

$$\Delta\varepsilon = \varepsilon_{计} - \varepsilon_{测} \qquad (8-33)$$

一般规定

$$\Delta\varepsilon_{容} = \frac{2 \times 0.1M}{D_{PC}} \times \rho''(\text{mm}) \qquad (8-34)$$

图 8-17 侧方交会

式中 M——测图比例尺分母。

侧方交会计算示例见表 8-8。

表 8-8　　　　　　侧方交会计算示例

| 略图与公式 | 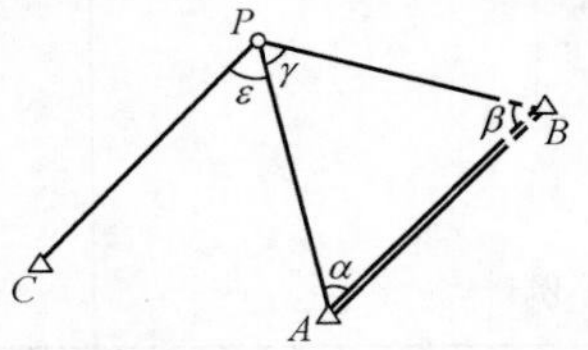 略图 | $\begin{cases} x_P = \dfrac{x_A\cot\beta + x_B\cot\alpha - y_A + y_B}{\cot\alpha + \cot\beta} \\[2mm] y_P = \dfrac{y_A\cot\beta + y_B\cot\alpha + x_A - x_B}{\cot\alpha + \cot\beta} \end{cases}$ | | |

点名	观测角/(° ′ ″)				x/m		y/m
A	α	61	54	30	x_A	3135189.35	y_A 241116.90
B	β	55	44	54	x_B	3134671.79	y_B 241236.06
P	γ	62	20	36	x_P	3135060.02	y_P 241595.35
D_{PC}	466.98				x_C	3135522.01	y_C 241527.29
α_{PC}	351°37′10″			$\varepsilon_{测}$			66°29′58″
α_{PA}	285°07′34″			$\varepsilon_{计}$			66°29′36″
$\Delta\varepsilon_{容}$	88″			$\Delta\varepsilon$			22″

8.3.4　后方交会

如果已知点距离待定点较远，也可在待定点 P 上瞄准三个已知点 A、B、C，观测 α、β 角，计算出 P 点坐标，如图 8-18 所示。这种方法称为后方交会。

后方交会计算待定点坐标的公式很多，现介绍以下计算公式。

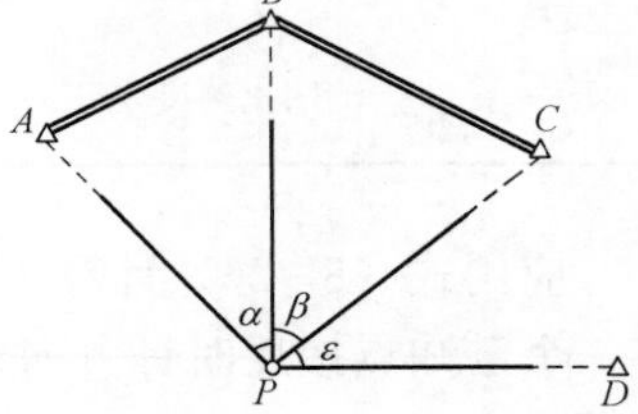

引入辅助量 a、b、c、d

$$\left.\begin{array}{l} a = (x_B - x_A) + (y_B - y_A)\cot\alpha \\ b = (y_B - y_A) - (x_B - x_A)\cot\alpha \\ c = (x_B - x_C) - (y_B - y_C)\cot\beta \\ d = (y_B - y_C) + (x_B - x_C)\cot\beta \end{array}\right\} \qquad (8-35)$$

图 8-18　后方交会

令

$$K = \frac{a-c}{b-d} \qquad (8-36)$$

则

$$\left.\begin{array}{l} \Delta x_{BP} = \dfrac{-a+Kb}{1+K^2} \quad 或 \quad \Delta x_{BP} = \dfrac{-c+Kd}{1+K^2} \\[2mm] \Delta y_{BP} = -K\Delta x_{BP} \end{array}\right\} \qquad (8-37)$$

待定点 P 的坐标为

$$\left.\begin{aligned} x_P &= x_B + \Delta x_{BP} \\ y_P &= y_B + \Delta y_{BP} \end{aligned}\right\} \tag{8-38}$$

为了进行检查，应在 P 点观测第四个已知点 D，测得 $\varepsilon_{测}$ 角，同时可由 P 点坐标以及 C、D 点坐标，按坐标反算公式求得 α_{PC} 和 α_{PD}。

$$\varepsilon_{算} = \alpha_{PD} - \alpha_{PC} \tag{8-39}$$

则较差

$$\Delta\varepsilon = \varepsilon_{算} - \varepsilon_{测} \tag{8-40}$$

由此可计算出 P 点的横向位移 e

$$e = \frac{D_{PD}\Delta\varepsilon''}{\rho''} \tag{8-41}$$

$$e_{允} = 2 \times 0.1M \, (\text{mm})$$

式中　M——测图比例尺分母。

选择后方交会点 P 时，若 P 点刚好选在已知点 A、B、C 的圆周上，则无论 P 点位于圆周上任何位置，所测得的角值都是相等的，P 点位置无解，测量上把该圆称为危险圆。因此，在外业测量时应使 P 点离危险圆圆周的距离大于该圆半径的 $1/5$。

后方交会算例见表 8-9。

表 8-9　　　　　　　　　　　　　　后 方 交 会 算 例

	已知数据	x_A	1406.593	y_A	2654.051
		x_B	1659.232	y_B	2355.537
		x_C	2019.396	y_C	2264.071
	观测值	α	51°06′17″	$\cot\alpha$	0.806 762
		β	46°37′26″	$\cot\beta$	0.944 864

$x_B - x_A$	+252.639	$y_B - y_A$	−298.514	$x_B - x_C$	−360.164	$y_B - y_C$	+91.466
a	+11.809	b	−502.334	c	−446.587	d	−248.840
$K = \dfrac{a-c}{b-d}$	−1.80831	$Kb-a$	896.567	$Kd-c$	896.567	Δx	+209.969
Δy	+379.689	x_P	1869.201	y_P	2735.223		

计 算 公 式

$$\left\{\begin{aligned} a &= (x_B - x_A) + (y_B - y_A)\cot\alpha \\ b &= (y_B - y_A) - (x_B - x_A)\cot\alpha \\ c &= (x_B - x_C) - (y_B - y_C)\cot\beta \\ d &= (y_B - y_C) + (x_B - x_C)\cot\beta \end{aligned}\right.$$

$$\Delta x = \frac{-a + Kb}{1 + K^2} \text{ 或 } \frac{-c + Kd}{1 + K^2}$$

$$\Delta y = -K\Delta x$$

$$\left.\begin{aligned} \alpha &= \arccos\frac{c^2 + b^2 - a^2}{2bc} \\ \beta &= \arccos\frac{c^2 + a^2 - b^2}{2ac} \end{aligned}\right\} \tag{8-42}$$

8.3.5　距离交会

距离交会又称为测边交会。随着光电测距仪在测量工作中的广泛应用，除了角度交会外，还可以用测量距离进行交会定点，这种用测量距离来测定待定点坐标的方法称为距离交会。其计算方法有以下两种。

1. 根据观测边反求角度计算坐标

如图 8-19（a）所示为测边交会的原理图。A、B 为已知点，观测了 AP、BP 的边长 D_a 和 D_b 就能计算出 P 点坐标。首先根据 A、B 两已知坐标点计算 AB 边长 c，再根据边长 a、b、c，由余弦定理反求出 α、β。然后再使用余切公式（8-26）计算 P 点坐标。

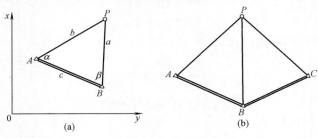

图 8-19 距离交会

2. 利用观测边直接计算坐标

如图 8-20 所示，自 P 点向 AB 边引垂线，垂足为 Q，令 $PQ=h$，$AQ=b_1$，$BQ=a_1$，在 $\triangle APQ$ 中，$\cot\alpha=\dfrac{b_1}{h}$，在 $\triangle BPQ$ 中，$\cot\beta=\dfrac{a_1}{h}$。将上述两式代入余切公式（8-26），得到

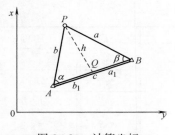

图 8-20 计算坐标

$$\left.\begin{array}{l} x_P = \dfrac{a_1 x_A + b_1 - h(y_A - y_B)}{a_1 + b_1} \\[3mm] y_P = \dfrac{a_1 y_A + b_1 + h(x_A - x_B)}{a_1 + b_1} \end{array}\right\} \quad (8-43)$$

此式又称为变形戒格公式。式中 a_1、b_1、h 由下面的式（8-44）和式（8-45）求出

$$\left.\begin{array}{l} b_1 = \dfrac{c^2 + b^2 - a^2}{2c} \\[3mm] a_1 = \dfrac{c^2 + a^2 - b^2}{2c} \end{array}\right\} \quad (8-44)$$

$$h = \sqrt{a^2 - a_1^2} = \sqrt{b^2 - b_1^2} \quad (8-45)$$

在使用式（8-43）时，一定要注意 A、B、P 是按逆时针方向编号，而且使 $\angle A$、$\angle B$、$\angle P$ 所对应的边依次为 a、b、c。

在实际测量中，为了检核和提高测量精度，一般由待定点 P 向 3 个已知点测定边长，如图 8-19（b）所示。然后由两条观测边组成一组计算图形，共三组，用两组较好的交会图形计算 P 点坐标。当算得两组坐标的点位较差 $e=\sqrt{\delta_x^2+\delta_y^2}\leqslant e_{容}=2\times 0.1M$（mm）$=\dfrac{M}{5000}$（m）时，取其平均值作为 P 点坐标。

测边交会计算的算例见表 8-10。

导线测量、测角交会、测边交会是目前大比例尺地形图测绘中常用的平面控制测量方法。随着测量新技术和新设备的不断出现，如光电测距仪、全站仪、全球定位系统（GPS），测量方法也在不断地更新，因此，要不断地学习，以满足工程建设对测量技术的需要。

表 8-10　　　　　　　　　　　　　**测边交会计算算例**

示意图	观测略图	计算公式

点名		边长/m		x/m	y/m
A	松岭	a	1236.385	3 314 761.875	449 301.335
B	泉山	b	858.852	3 314 539.908	448 036.590
P	N_2	c	1284.075	3 313 924.810	449 109.112
点名		边长/m		x/m	y/m
A	长山	a	858.852	3 314 547.604	449 994.206
B	松岭	b	1082.258	3 314 761.875	449 301.335
P	N_2	c	725.246	3 313 924.813	449 109.090
$e=\sqrt{\delta_x^2+\delta_y^2}=0.011$（m）		中数		3 313 924.812	449 109.106

计算公式：

$$\begin{cases} x_P=\dfrac{a_1 x_A+b_1-h\ (y_A-y_B)}{a_1+b_1} \\ y_P=\dfrac{a_1 y_A+b_1+h\ (x_A-x_B)}{a_1+b_1} \end{cases}$$

$$\begin{cases} b_1=\dfrac{c^2+b^2-a^2}{2c} \\ a_1=\dfrac{c^2+a^2-b^2}{2c} \\ h=\sqrt{a^2-a_1^2}=\sqrt{b^2-b_1^2} \end{cases}$$

项 目 小 结

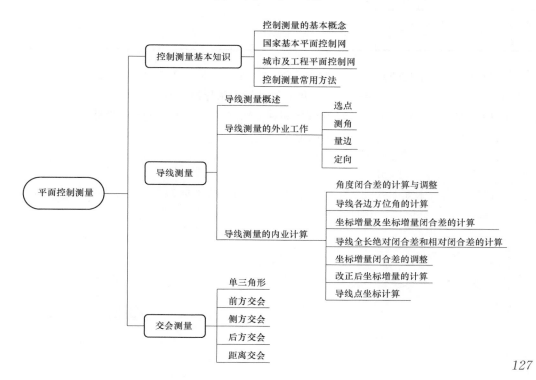

习　题

1. 国家平面控制网是采用什么方法建立的？分为几个等级？

2. 导线布设通常有哪几种形式？其外业工作有哪些？

3. 在什么情况需建立测区独立控制网？

4. 简述闭合导线内业计算的步骤。

5. 闭合导线与附合导线有哪些异同点？

6. 交会定点有哪几种形式？

7. 用单三角形求未知点的坐标需要哪些观测数据？它与前方交会方法有何异同点？

8. 用戎格（余切）公式进行前方交会计算时，图形编号有何规定？并说明计算步骤。

9. 求侧方交会点的坐标需要观测哪些数据？它与前方交会有何不同？

10. 距离交会的观测值是什么？

11. 后方交会计算时应注意哪些问题？

12. 闭合导线 12341 的已知数据和观测数据见表 8-11，试绘制导线坐标计算表格，求 2、3、4 点的坐标。

表 8-11 　导 线 坐 标 计 算 表 格

点号	观测角（左角）/(° ′ ″)	坐标方位角 α /(° ′ ″)	距离 D/m	坐标值/m x	y
1		107 50 00	100.29	1000.00	1000.00
2	82 46 27		78.99		
3	91 08 23		137.18		
4	60 14 02		78.67		
1	125 52 04				
2					

13. 附合导线 AB12CD 的观测数据如图 8-21 所示，已知数据：$x_B = 200.00$m，$y_B = 200.00$m，$x_C = 96.97$m，$y_C = 946.71$m，填导线计算表求导线点坐标。

14. 用前方交会法测定 P 点，已知数据和观测数据如下，试计算 P 点坐标。

$x_A = 4636.45$m　　　$y_A = 1054.54$m

$x_B = 3873.96$m　　　$y_B = 1772.68$m

$\alpha = 35°34'36''$　　　$\beta = 47°56'24''$

15. 距离交会数据如图 8-22 所示，已知 A、B 两点的坐标为：$x_A = 1000.000$，$y_A = 1000.000$，$x_B = 1115.825$，$y_B = 1096.160$。试计算 P 点坐标。

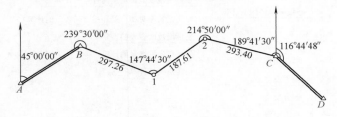

图 8-21　附合导线

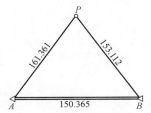

图 8-22　距离交会定点

项目 9 高程控制测量

【主要内容】

三角高程测量的概念和原理；三角高程测量的外业工作内容及施测技术要求；三角高程测量的内业计算方法；三角高程测量误差来源分析等。

重点：三角高程测量的外业工作内容及内业计算方法，球气差的影响。

难点：三角高程测量成果的计算；三角高程的精度要求。

【学习目标】

知识目标	能力目标
（1）掌握三角高程测量原理； （2）掌握三角高程测量的方法、计算及校核； （3）理解地球曲率和大气折光对三角高程测量产生的影响； （4）了解三角高程测量的误差来源	（1）能根据工程情况选择合理的高程控制测量方法； （2）能根据工程已知条件进行三角高程测量的外业工作和内业计算； （3）能评定三角高程测量的精度

【思政目标】

通过高程控制测量学习，使学生进一步了解测绘学科的发展历程，增强民族自豪感和主人翁意识，培养学生勇于探索、不断创新、积极进取的思想品格和职业素养。

小地区高程控制测量包括三、四等水准测量和三角高程测量。

9.1　三、四等水准测量

在线测试

三、四等水准测量一般应与国家一、二等水准网进行联测，除用于国家高程控制网加密外，还用于建立小地区首级高程控制网，以及建筑施工区内工程测量及变形观测的基本控制。独立测区可采用闭合水准路线。

三、四等水准测量的观测应在通视良好、成像清晰稳定的条件下进行。常用的观测方法有双面尺法和变仪器高法。其观测方法和内业计算参见项目 3。

9.2　三角高程测量

在线测试

建立高程控制网的常用方法有水准测量和三角高程测量。用水准测量的方法测定控制点的高程，精度较高。但是在山区或丘陵地区，由于地面高差较大，水准测量比较困难，可以采用三角高程测量的方法测定地面点的高程，这种方法速度快、效率高，特别适用于地形起伏较大的山区。但是，三角高程测量的精度较水准测量的精度低，一般用于较低等级的高程控制中。近年来，全站仪的广泛应用使得用三角高程测量方法建立的高程控制网的精度不断提高。实验表明，采取适当的措施，全站仪三角高程测量的精度可以达到三、四等水准测量的精度要求。

三角高程测量是利用经纬仪或测距仪、全站仪，测量出两点间的水平距离或斜距、竖直角，再通过三角公式计算两点间的高差，推求待定点的高程。

9.2.1　三角高程路线

三角高程测量所经过的路线称为三角高程路线，所测定的地面点称为三角高程点。若用三角高程测量确定导线点的高程，则三角高程路线与导线重合；若用三角高程测定三角点的高程，则可在三角网中选一条路线作为三角高程路线；三角高程路线也可以根据实际需要布设成独立的电磁波测距三角高程导线。

三角高程测量一般采用直觇和反觇的施测方法。在已知点安置仪器，观测待定点，用三角高程计算公式求待定点的高程，称为直觇；在待定点安置仪器，观测已知高程点，计算待定点的高程，称为反觇。在同一条边上，只进行直觇或反觇观测，称为单向观测；在同一条边上，既进行直觇又进行反觇观测，称为双向观测或对向观测。

三角高程路线通常组成附合路线或闭合路线，起止于已知高程点。三角高程路线的成果计算与水准路线的计算方法相同。

9.2.2　三角高程测量原理

如图 9-1 所示，在 A 点架设经纬仪，B 点竖立标杆。当照准目标高为 v 时，测出的竖直角为 α，量出的仪器高为 i。设 A、B 两点间的水平距离为 D。由图 9-1 可知

$$h_{AB} = D\tan\alpha + i - v \tag{9-1}$$

如果 A 点的高程 H_A 已知，则 B 点的高程为

$$H_B = H_A + h_{AB} = H_A + D\tan\alpha + i - v \tag{9-2}$$

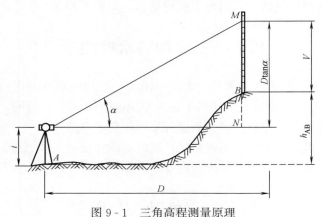

图 9-1　三角高程测量原理

9.2.3　地球曲率和大气折光的影响

式（9-2）适用于 A、B 两点距离较近（小于 300m）的情况，此时水准面可近似看成平面，视线视为直线。当地面两点间的距离 D 大于 300m 时，就要考虑地球曲率及观测视线受大气垂直折光的影响。地球曲率对高差的影响称为地球曲率差，简称球差。大气折光引起视线成弧线的差异，称为气差。地球曲率和大气折光产生的综合影响称为球气差。

如图 9-2 所示，MM' 为大气折光的影响，称为气差；EF 为地球曲率的影响，称为球差。由图 9-2 可得

$$h_{AB} + v + MM' = D\tan\alpha + i + EF$$

令 $f = EF - MM'$，称为球气差，整理上式得

$$h_{AB} = D\tan\alpha + i - v + f \qquad (9-3)$$

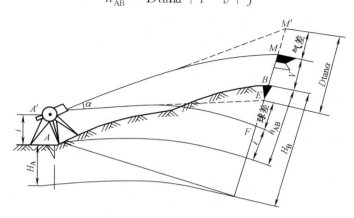

图 9-2 三角高程测量球气差影响

式（9-3）即为受球气差影响的三角高程计算高差的公式。f 为球气差的联合影响。球差的影响为 $EF = \dfrac{D^2}{2R}$，但气差的影响较为复杂，它与气温、气压、地面坡度和植被等因素均有关。在我国境内一般认为气差是球差的 1/7，即 $MM' = \dfrac{D^2}{14R}$。所以，球气差的计算式为

$$f = EF - MM' = \frac{D^2}{2R} - \frac{D^2}{14R} \approx 0.43\frac{D^2}{R} \approx 0.07D^2 \qquad (9-4)$$

式中　D——地面两点间的水平距离，取 100m；

　　　R——地球平均半径，取 6371km；

　　　f——球气差，cm。

将式（9-4）中，取不同的 D 值时，球气差 f 的数值列于表 9-1 中，用时可直接查。

表 9-1　　　　　　　　　　　　　　球气差 f 数值查取表

$D/(100\text{m})$	1	2	3	4	5	6	7	8	9	10
f/cm	0.1	0.3	0.6	1.1	1.7	2.4	3.3	4.3	5.5	6.7

由表 9-1 可知，当两点水平距离 $D < 300\text{m}$ 时，其影响不足 1cm，故一般规定当 $D < 300\text{m}$ 时，不考虑球气差的影响；当 $D > 300\text{m}$ 时，才考虑其影响。

9.3　三角高程测量的施测

在线测试

9.3.1　三角高程测量外业工作

1. 竖直角的观测方法

在三角高程测量中，竖直角的观测方法有中丝法和三丝法两种。

（1）中丝法：中丝法也叫单丝法，是竖直角观测最常用的方法。这种方法是以望远镜十

字丝的中横丝瞄准目标。观测方法参看本书第四章角度测量中的竖直角测量。

（2）三丝法：三丝法就是以上、中、下三条横丝依次瞄准目标观测竖直角，这种方法有利于减弱竖盘刻划误差的影响。

观测时，先盘左，分别用上、中、下丝瞄准同一目标并读取竖盘读数 $L_上$、$L_中$、$L_下$。然后盘右，分别用上、中、下丝瞄准并读数 $R_上$、$R_中$、$R_下$。

计算时，先按上、中、下丝的观测值 $L_上$、$R_上$、$L_中$、$R_中$、$L_下$、$R_下$ 分别计算竖直角，然后取其平均值。

2. 三角高程测量的观测方法

三角高程控制的一般施测方法采用直觇和反觇的施测方法。用直反觇观测，待定点 B 的高程计算公式分别为

$$H_B = H_A + h_{AB} = H_A + D_{AB} \tan\alpha_{AB} + i_A - v_B + f_{AB} \tag{9-5}$$

$$H_B = H_A - h_{BA} = H_A - (D_{BA} \tan\alpha_{BA} + i_B - v_A + f_{BA}) \tag{9-6}$$

如果观测是在相同的大气条件下进行，特别是在同一时间进行对向观测，可以认为 $f_{AB} \approx f_{BA}$，将式（9-5）与式（9-6）相加除以 2，得 B 点平均高程

$$h_{AB中} = \frac{1}{2}(h_{AB} - h_{BA}) \tag{9-7}$$

则 B 点的高程为

$$H_B = H_A + h_{AB中} = H_A + \frac{1}{2}(D_{AB} \tan\alpha_{AB} - D_{BA} \tan\alpha_{BA})$$
$$+ \frac{1}{2}(i_A - i_B) + \frac{1}{2}(v_A - v_B) \tag{9-8}$$

式（9-8）即是对向观测计算高程的基本公式。由此看来，对向观测可消除地球曲率和大气折光的影响，因此，在三角高程控制测量时均采用对向观测。

9.3.2　三角高程的技术要求

三角高程测量有电磁波测距三角高程测量、经纬仪三角高程测量和独立高程点三种。三者精度不同，有不同的精度等级，各级的三角高程测量根据需要均可作为测区的首级高程控制。

1. 电磁波测距三角高程测量

电磁波测距三角高程测量一般分为四等、一级（五等）、二级（图根）三个等级。四等应起止于不低于三等水准的高程点上，仪器高、觇标高应在观测前后各量一次，取至 mm，较差不大于 2mm；一级应起止于不低于四等水准的高程点上，仪器高、觇标高量取两次，取至 mm，较差不大于 4mm；二级应按同等级经纬仪三角高程测量的相应布设要求实施，仪器高、觇标高量取至 cm。电磁波测距三角高程测量的主要技术要求见表 9-2。

表 9-2　　　　　　　　　　　电磁波测距三角高程测量的主要技术要求

等级	边长 /km	仪器	竖直角测回数		指标差较差 /(")	竖直角较差/(")	对向观测高差较差/mm	附合或环线闭合差/mm
			三丝法	中丝法				
四等	≤1	J_2	1	3	7	7	$\pm 40\sqrt{D}$	$\pm 20\sqrt{D}$
一级（五等）	≤1	J_2		2	10	10	$\pm 60\sqrt{D}$	$\pm 30\sqrt{D}$
二级（图根）	—	J_6		2	25	25		$\pm 40\sqrt{D}$

注　1. D 为电磁波测距边长度，以 km 为单位。
　　2. 单向观测时，应考虑地球曲率和大气折光的影响。

2. 经纬仪三角高程测量

经纬仪三角高程测量，一般分为两个等级。一级应起止于不低于四等水准的高程点上，路线边数不超过 7 条；二级（图根）应起止于不低于图根水准精度或一级三角高程的高程点上。当起止于图根水准精度的高程点上时，路线边数不应超过 15 条，当起止于一级三角高程点上时，路线边数不应超过 10 条。路线边数超过上述规定时，应布设成三角高程网。

仪器高、觇标高应用钢尺量至 0.5cm。

各等级经纬仪三角高程测量的主要技术要求见表 9-3。

表 9-3　　　　　　　各等级经纬仪三角高程测量的主要技术要求

等级	仪器	总长 /km	竖直角测回数		指标差 较差/(″)	竖直角 较差/(″)	对向观测 高差较差/mm	附合或环线 闭合差/mm
			三丝法	中丝法				
一级	J_2	1.5	1	2	15	15	$\pm 200S$	$\pm 0.07\sqrt{n}$
二级（图根）	J_6	0.5		2	25	25	$\pm 400S$	$\pm 0.11 H_d \sqrt{n}$

注　1. S 为边长，以 km 为单位；n 为边数；H_d 为等高距，以 m 为单位。

　　　2. 单向观测时，应考虑地球曲率和大气折光的影响。

3. 独立高程点

三角高程测量独立高程点一般用于测定图根平面控制测量中交会点的高程，又称独立交会高程点。独立点的高程至少要有 3 个单觇观测（直、反觇均可），3 个单觇推算的未知点高程，其较差一般应小于 1/3 测图等高距。若符合要求，则取其平均值作为最后结果。

9.3.3　三角高程测量内业计算

三角高程导线布设形式为附合高程导线、闭合高程导线。如图 9-3 所示，若 A 点和 E 点高程已知，可以选择一条从 A—B—C—D—E 的附合高程导线；若只有 A 点高程已知，则选择 A—B—D—E—C—A 的闭合高程导线。

下面以某一级（五等）独立三角高程路线为例说明其计算方法。

（1）在计算之前，应对外业成果进行检查，看其有无不合规定的数据。全部合乎要求后才可以进行抄录，并绘制三角高程路线图，如图 9-4 所示。

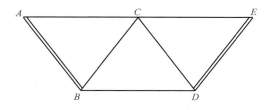

图 9-3　三角高程导线

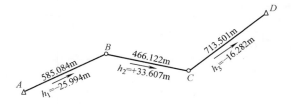

图 9-4　附合三角高程路线

（2）各边高差的计算。计算前，首先将已知点、未知点的点名填入表格内，再对应表格项目填写各观测数据。检查抄录的数据无误后，利用式（9-5）和式（9-6）计算各边直、反觇高差。两点间直、反觇高差的较差若满足表 9-2 和表 9-3 的要求，则根据式（9-7）计算高差中数（符号与直觇相同）；若超限，则应重测。图 9-4 中所示各边高差的计算见

表 9 - 4。

表 9 - 4　　　　　　　　　　　三角高程路线高差计算表

测站点	A	B	B	C	C	D
觇点	B	A	C	B	D	C
觇法	直	反	直	反	直	反
α	$-2°28'54''$	$+2°32'18''$	$+4°07'12''$	$-3°52'24''$	$-1°17'42''$	$+1°21'52''$
D/m	585.084	585.084	466.122	466.122	713.501	713.501
i/m	$+1.341$	$+1.342$	$+1.305$	$+1.321$	$+1.323$	$+1.285$
v/m	$+2.000$	$+1.310$	$+1.300$	$+3.395$	$+1.502$	$+2.025$
f/m	$+0.020$	$+0.020$	$+0.020$	$+0.020$	$+0.030$	$+0.030$
h/m	-25.998	$+25.990$	$+33.601$	-33.613	-16.278	$+16.286$
Δh	-0.008		-0.010		$+0.008$	
$h_{中}/m$	-25.994		$+33.607$		-16.282	

（3）调整高差闭合差。将路线各点号、各边水平距离、各边高差中数和已知高程等数据填入三角高程路线高差计算表 9 - 5 中，然后再计算整条路线的高差闭合差 f_h

$$f_h = \sum h - (H_D - H_A) = \sum h + H_A - H_D \tag{9-9}$$

如果 $f_h \leqslant f_{h容}$，则计算出每段高差的改正数 v_i

$$v_i = -\frac{D_i}{\sum D}f_h \tag{9-10}$$

式中　　v_i——第 i 段的高差改正数；

　　　　D_i——第 i 段的水平距离；

　　　　$\sum D$——整个路线水平距离总长；

　　　　f_h——高差闭合差。

表 9 - 5　　　　　　　　　　　三角高程路线高差计算表

点名	距离/m	高差中数/m	高差改正数/m	改正后高差/m	高程/m	备注
A					430.745	
	585.084	-25.994	-0.008	-26.002		
B					404.743	
	466.122	$+33.607$	-0.006	$+33.601$		
C					438.344	
	713.501	-16.282	-0.010	-16.292		
D					422.052	
$\sum$	1746.707	-8.669	$+0.024$	-8.693		
辅助计算	$f_h = \sum h + H_A - H_D = -8.669 + 430.745 - 422.052 = +0.024m$ $f_{h容} = \pm30\sqrt{1.746707} = \pm0.040m$ $f_h < f_{h容}$，精度合格					

（4）计算路线各未知点的高程。由已知点开始，根据改正后的高差逐一推算未知点高程

（方法与水准测量成果计算相同）。

9.4 三角高程测量误差来源

三角高程测量的误差来源主要有以下几方面。

1. 竖直角测量的误差

竖直角测量的误差包括观测误差和仪器误差。观测误差有照准误差、读数误差及竖盘指标水准管气泡居中的误差等；仪器误差有竖盘偏心误差及竖盘分划误差等。

2. 距离测量的误差

距离是计算三角高程测量的一个变量，距离测量的误差影响到高差的精度。对于图根三角高程测量，距离测量精度一般要达到 1/2000 以上。采用电磁波测距仪测定距离具有较高的精度。

3. 仪器高和目标高的误差

用于测定地形控制点高程的三角高程测量，仪器高和目标高的量测仅要求到厘米级；用电磁波测距三角高程测量代替四等水准测量时，仪器高和目标高要求量测到毫米级。用钢尺认真量取仪器高和目标高，误差可控制在 3mm 以内。仪器高和目标高的量测误差对高程的影响是直接的，应注意控制仪器高和目标高的量测误差。

4. 地球曲率的影响和大气折光的影响

地球曲率对高差的影响能够精确地计算并加以改正，而大气折光对高差的影响，随外界条件的不同，变化不定。大气折光对高差的影响与两点间水平距离的平方成正比，随着距离的增长，影响明显增大。当两点间的距离大于 300m 时，要对高差进行地球曲率和大气折光的影响的改正。

项 目 小 结

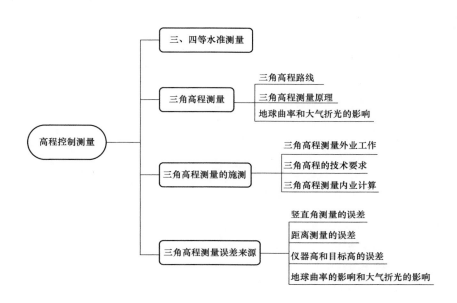

习　　题

1. 试述三角高程测量原理。三角高程控制测量为何要进行对向观测？

2. 何为单向观测？何为双向观测？

3. 在三角高程测量中，已知 $H_A=78.29\mathrm{m}$，$D_{AB}=624.42\mathrm{m}$，$\alpha_{AB}=+2°38'07''$，$i_A=1.42\mathrm{m}$，$v_B=3.50\mathrm{m}$，从 B 点向 A 点观测时，$\alpha_{BA}=-2°23'15''$，$i_B=1.51\mathrm{m}$，$v_A=2.26\mathrm{m}$，试计算 B 点高程。

4. 在 A、B、C 三点之间进行闭合三角高程路线测量，用电磁波测距，如图 9-5 所示，在图上已注明各点间直反觇观测的斜距、竖直角、仪器高 i、觇标高 v。试计算未知点 B、C 的高程。

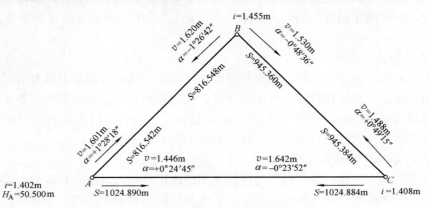

图 9-5　三角高程路线测量图

项目 10　地 形 图 的 基 本 知 识

【主要内容】

地形图的概念；比例尺的概念及分类；比例尺精度；地物符号；地貌符号；等高线勾绘；地形图的图外注记；地形图的分幅与编号等。

重点：地形图的概念、地物符号、等高线。

难点：等高线的特性、地形图的分幅与编号。

【学习目标】

知识目标	能力目标
（1）掌握地形图比例尺的概念及分类； （2）掌握地物符号； （3）掌握等高线的概念、种类和特性； （4）理解地形图的图外注记； （5）掌握地形图的分幅与编号的基本方法	（1）能认识地形图符号； （2）能识读地貌形态； （3）会勾绘等高线； （4）会地形图的分幅和编号

【思政目标】

通过学习地形图的基本知识以及了解我国的地物地貌和地图版图，展现中华人民共和国取得的巨大成就，提高学生维护国家版图完整和国家统一的意识，调动学生学习的主动性和积极性，帮助学生树立起道路自信、理论自信、制度自信、文化自信，培养学生的民族自豪感。

地球表面物体种类繁多，地势起伏形态各异，但总体上可分为地物和地貌两大类。凡是地面各种各样的自然物体和人工建筑物均称为地物，如城市街道、房屋、道路、江河湖泊、森林、草原及其他各种人工建筑物等；而地球表面的高低起伏形态，如高山、深谷、陡坎、悬崖、峭壁等，则称为地貌。习惯上把地物和地貌统称为地形。

10.1　地 形 图 的 基 本 知 识

课件浏览　地形图的
基本知识

10.1.1　地形图的概念

通过实地测量，将地面上各种地物和地貌的平面位置和高程沿垂直方向投影在水平面上，并按一定的比例尺，将其缩绘成图纸上的平面图形，它既表示出地物的平面位置，又表示出地貌形态的情况，称为地形图。如果图上只反映地物的平面位置，而不反映地貌的，则称为地物图。由于地形图能客观地反映地面的实际情况，特别是大比例尺（即 1∶500、1∶1000、1∶2000、1∶5000 等）地形图，所以各项经济建设和国防工程建设都在地形图上进行规划和设计。可见，地形图特别是大比例尺地形图是进行规划和设计的重要基础资料之一。因而正确识读和使用地形图是测量技术人员必须具备的基本技能之一。

10.1.2 地形图的比例尺

1. 比例尺的概念

地形图上的地物、地貌都是根据它们在水平面上的投影，按一定比例缩小绘制的。图上长度与地面上相应的实际长度之比，称为地形图比例尺。

2. 比例尺的种类

按照表示的方法不同，比例尺可分为数字比例尺和图示比例尺。

（1）数字比例尺。数字比例尺一般用分子为1的分数形式表示。设图上某一线段的长度为 d，地面上相应的距离为 D，则该地形图比例尺 R 为：

$$R = \frac{d}{D} = \frac{1}{\frac{D}{d}} = \frac{1}{M} \tag{10-1}$$

式中　M——比例尺分母。

在线测试

当图上 1mm 代表地面上 1m 的水平长度时，该图的比例尺即为 1/1000。由此可见，比例尺分母实际上就是实地水平长度缩绘到图上的缩小倍数。

地形图测绘中，常用的比例尺有：1/500、1/1000、1/2000、1/15 000、1/1 万、1/2.5 万等，也可写为 1：500、1：1000、1：2000、1：5000 等形式。比例尺的大小按其比值来确定，分母越小，比例尺越大；分母越大，比例尺越小。在地形测量中，一般将 1/5000 和大于 1/5000 的比例尺叫作大比例尺；将 1/1 万和 1/2.5 万的比例尺叫作中比例尺；将 1/5 万和 1/10 万的比例尺叫作小比例尺。

比例尺确定后，就可以进行图上长度和实地长度的相互换算。例如，在测绘 1：500 的地形图上，实地距离为 50m，则图上长度为

$$d = D/M = 50\text{m}/500 = 10\text{mm}$$

如果已知图上距离为 30mm，则实地长度为

$$D = Md = 500 \times 30\text{mm} = 150\text{m}$$

（2）图示比例尺。使用数字比例尺，应用时常要进行计算。为了用图方便，以及减小由于图纸伸缩而引起的误差，在绘制地形图的同时，常在图纸上绘制图示比例尺。最常见的图示比例尺为直线比例尺。

直线比例尺是在图上绘一条直线，并截取若干相等的线段，称为比例尺的基本单位，一般是 1cm 或 2cm。将最左边的一段基本单位又分成 10 个或 20 个等分小段，并以其右端点为零，在零分划线的左右各分划线上，依次注记按数字比例尺算出的实地水平距离，即得直线比例尺。从直线比例尺上可直接读得基本单位的 1/10，估读到 1/100。如图 10-1 所示为 1：500 的直线比例尺，取 2cm 为基本单位。如果将 1：500 的比例尺缩小 10 倍，就可以作为 1：5000 的比例尺来使用。

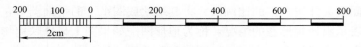

图 10-1　直线比例尺

使用直线比例尺时，先用两脚规的脚尖对准图上要量的两点，然后再将两脚规移到直线比例尺上，使一脚尖对准零点右边一个适当的整分划线，并使另一脚尖落在左边的小分划线

内，估读出小分划线的零数再加上整分划线数，即得实地距离。

3. 比例尺精度

一般认为，人的肉眼能分辨的图上最小距离是 0.1mm，因此地形图上 0.1mm 长度所表示的地面实地水平距离称为比例尺精度。根据比例尺精度，可以确定在测图时量距应准确到什么程度。例如测绘 1∶1000 的地形图时，其比例尺精度为 0.1m，故量距的精度只需 0.1m，小于 0.1m 在图上表示不出来。另外，如果规定了图上应该表示的地面最短距离，也可以根据比例尺精度确定测图比例尺。

比例尺越大，比例尺精度就越高，表示的地物和地貌就越详细、准确，但测量工作量也越大。采用何种比例尺测图，应从工程的实际需要和经济方面综合考虑，选择适当的测图比例尺，避免不必要的浪费。

10.2　地物的表示方法

课件浏览　地物的
表示方法

不同的地物，其表示的方法也不一样。地物符号是用来表示地面物体的类别、形状、大小和水平位置的符号。要想运用好各种地物符号，就必须了解地物的性质。根据地物的特性和大小，一般将地物符号分为比例符号、非比例符号、线状符号和注记符号等。

1. 比例符号

将地物的外轮廓依测图比例尺缩绘在图纸上的符号，称为比例符号，如房屋、双线河流、农田、运动场等。

比例符号能准确地反映出地物的平面位置、形状和大小。

2. 非比例符号

由于某些地物太小，若按测图比例尺缩绘在图上仅一个点都很难表示，但是该地物又必须表示在图纸上，此时可用一个特定的形象符号来表示，该符号称为非比例符号，如控制点、电线杆、纪念碑、路灯、独立树等。

非比例符号只能表示地物在图上的中心位置，而不能反映出其形状和大小。

3. 线状符号

线状符号是指某些地物的长度能按比例尺缩绘在图上，而宽度不能按比例尺缩绘在图上的带状地物符号，又称为半依比例符号，如公路、铁路、围墙、电力线、通信线等。

线状符号能表示地物中心线在图上的位置。

4. 注记符号

有些地物除了用一定的符号表示外，还需要加以说明，用于说明地物名称或性质等属性的符号称为注记符号。注记符号有文字、数字和特有符号三种。如城镇、工厂的名称，桥梁的尺寸、控制点的高程，河流的流向、流速及深度，农田的植被，森林果园的类别等。

在线测试

必须指出的是：同一地物在不同比例尺图上表示的符号不尽相同。一般说来，测图比例尺越大，用比例符号描绘的地物越多；比例尺越小，用非比例符号和半比例符号表示的地物越多。如公路、铁路等地物在 1∶500～1∶2000 比例尺地形图上用比例符号表示，而在 1∶5000 比例尺及以上地形图上是按半比例符号表示的。

表 10 - 1 所示为常见的 1：500～1：1000 比例尺地形图图式。

表 10 - 1　　　　　　　　　　　　　常 见 地 形 图 图 式

编号	符号名称	图　　例	编号	符号名称	图　　例
1	坚固房屋 4—房屋层数	坚4　1.5	11	灌木林	0.5　1.0
2	普通房屋 2—房屋层数	2　1.5	12	菜地	2.0　2.0　10.0　-10.0
3	窑洞 1—住人的 2—不住人的 3—地面下的	1　2.5　2 2.0 3	13	高压线	4.0
4	台阶	0.5　0.5　0.5	14	低压线	4.0
5	花圃	1.5　1.5　10.0　10.0	15	电杆	1.0
6	草地	1.5　0.8　10.0　10.0	16	电线架	
7	经济作物地	0.8　3.0　蔗　10.0　10.0	17	砖、石及混凝土 围墙	10.0　0.5　10.0　0.3
8	水生经济作物地	3.0　藕　1.5	18	土围墙	10.0　0.5
9	水稻田	0.2　2.0　10.0　-10.0	19	栅栏、栏杆	1.0　10.0
10	旱地	1.0　10.0　10.0	20	篱笆	1.0　10.0

课件浏览　地貌的
表示方法

10.3　地 貌 的 表 示 方 法

地貌形态多种多样，包括山地、丘陵和平原等。在图上表示地貌的
方法很多，而测量工作中通常用等高线表示，因为用等高线表示地貌，

不仅能表示地面的起伏形态，而且还能表示出地面的坡度和地面点的高程。

10.3.1　等高线

1. 等高线的概念与形成

等高线是由地面上高程相等的相邻点所连接成的闭合曲线。

如图 10-2 所示，假设某个平静的湖泊中有一座小山，设山顶的高程为 100m。刚开始，湖水淹没在小山上高程为 75m 处，则水平面与小山截得一条交线，构成一条闭合曲线（水迹线），在此曲线上各点的高程都相等，这就是等高线。依次类推，当水面每上升 5m，可分别得到 80m、85m、90m 等一系列的等高线。设想将这些等高线铅垂地投影到某一水平面 M 上，并按一定比例缩绘到图纸上，就得到了一张用等高线表示该小山的地貌图。

2. 等高距和等高线平距

相邻两条等高线之间的高差称为等高距，常用 h 表示。在同一幅地形图上，等高距是相同的，如图 10-3 所示。

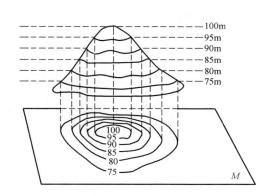

图 10-2　等高线

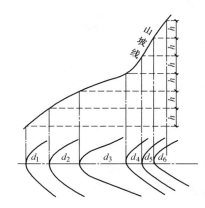

图 10-3　等高距、等高线平距

相邻两条等高线之间的水平距离称为等高线平距，常用 d 表示。由于同一张地形图内等高距是相同的，所以等高线平距 d 的大小直接与地面坡度有关。等高线平距越小，则地面坡度越大；等高线平距越大，坡度就越小；坡度相同，则平距相等。因此，可以根据地形图上等高线的疏密来判定地面坡度的缓陡程度。

若用 i 表示坡度，则坡度、等高距和平距之间的关系可以表示为：

$$i = \frac{h}{d} \tag{10-2}$$

由式（10-2）可知，地面坡度越陡，等高线平距就越小，等高线就越密集；反之，地面坡度越平缓，等高线平距就越大，等高线就越稀疏。同时，等高距越小，显示地貌就越详细；等高距越大，显示地貌就越简略。

在线测试

3. 等高线的特性

为了正确地使用和描绘等高线，应掌握等高线的一些特性。

（1）等高性。同一条等高线上的所有点在地面上的高程都相等。高程相等的各点，不一定在同一条等高线上。

（2）闭合性。等高线为连续的闭合曲线，它若不在本幅图内闭合，则必然闭合于另一图幅。凡不在本图幅内闭合的等高线，应绘至图廓线，不能在图幅内中断。

（3）非交性。除悬崖或陡崖等特殊地貌外，不同高程的等高线一般不会相交。

（4）正交性。等高线与山脊线、山谷线垂直相交。

（5）陡缓性。等高距一定时，等高线越密的地方，地面坡度越陡；等高线越稀的地方，地面坡度越平缓；等高线平距相等则坡度相同。

4. 等高线的分类

为了便于表示和阅读地形图，绘在图上的等高线，按其特征分为首曲线、计曲线、间曲线和助曲线四种类型，如图 10-4 所示。

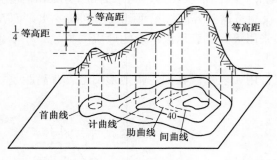

图 10-4　等高线的种类

（1）首曲线。按照地形图基本等高距描绘的等高线称为首曲线，又称基本等高线。首曲线采用 0.15mm 的细实线绘出。

（2）计曲线。在地形图上，凡是高程能被 5 倍基本等高距整除的等高线均加粗描绘，这种等高线称为计曲线。计曲线上注记高程，线粗为 0.3mm。

计曲线主要为读图时量算高程方便之用。

（3）间曲线。当首曲线不能显示地貌的特征时，按 1/2 基本等高距描绘的等高线称为间曲线，在图上用长 0.15mm 的细长虚线表示。

（4）助曲线。有时为显示局部地貌的需要，可以按 1/4 基本等高距描绘的等高线，称为助曲线。一般用短虚线表示。

间曲线和助曲线描绘时可不闭合。

10.3.2　几种典型地貌的表示方法

地貌千姿百态，一般可归纳为山丘和洼地、山脊和山谷、鞍部、陡崖和悬崖等几种基本特征。

1. 山丘和洼地

山丘的等高线特征如图 10-5 所示，洼地的等高线特征如图 10-6 所示。山丘与洼地的等高线都是一组闭合曲线，但它们的高程注记不同。内圈等高线的高程注记大于外圈者为山丘；反之为洼地，也可以用示坡线表示山丘或洼地。示坡线是垂直于等高线的短线，用以指示坡度下降的方向。

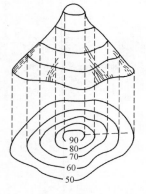

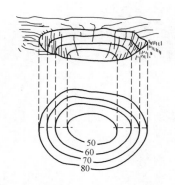

图 10-5　山丘等高线特征图　　　　图 10-6　洼地等高线特征图

2. 山脊和山谷

山的最高部分为山顶，从山顶向某个方向延伸的高地称为山脊。山脊的最高点连线称为山脊线。山脊等高线的特征表现为一组凸向低处的曲线，如图 10-7 所示。

相邻山脊之间的凹部称为山谷，它是沿着某个方向延伸的洼地。山谷中最低点的连线称为山谷线，如图 10-8 所示。山谷等高线的特征表现为一组凸向高处的曲线。因山脊上的雨水会以山脊线为分界线而流向山脊的两侧，所以山脊线又称为分水线。在山谷中的雨水由两侧山坡汇集到谷底，然后沿山谷线流出，所以山谷线又称为集水线。山脊线和山谷线合称为地性线。

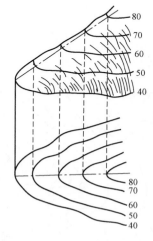

图 10-7 山脊等高线特征图　　　　　图 10-8 山谷等高线特征图

3. 鞍部

鞍部是相邻两山头之间呈马鞍形的低凹部位，如图 10-9 中的 S。鞍部等高线的特征是对称的两组山脊线和两组山谷线，即在一圈大的闭合曲线内，套有两组小的闭合曲线。

4. 陡崖和悬崖

陡崖是坡度在 70° 以上或为 90° 的陡峭崖壁，因用等高线表示将非常密集或重合为一条线，故采用陡崖符号来表示，如图 10-10（a）、（b）所示。

悬崖是上部突出、下部凹进的陡崖。上部的等高线投影到水平面时，与下部的等高线相交，下部凹进的等高线用虚线表示，如图 10-10（c）所示。

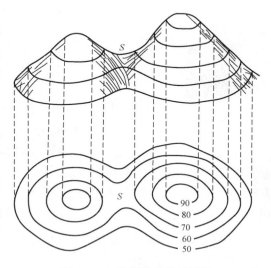

图 10-9 鞍部等高线特征图

认识了典型地貌的等高线特征以后，进而就能够认识地形图上用等高线表示的各种复杂地貌。图 10-11 为某一地区综合地貌示意图。

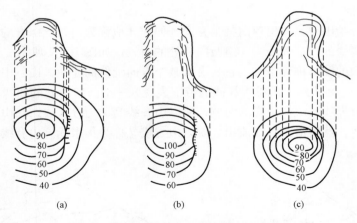

图 10-10　陡崖和悬崖等高线特征图

图 10-11　综合地貌示意图

10.4　地形图的图外注记

课件浏览　地形图的
图外注记及
分幅与编号

10.4.1　地形图的图名和图号

　　图名即本幅图纸的名称，通常用本幅图纸内最著名的地名、村庄、山名或厂矿企业来命名。图号即图的编号，为便于管理和使用，每幅地形图都有一定的编号。图号是根据地形图分幅和编号方法确定的，图名和图号标在北图廓上方的中央。图 10-12 为图名和图号的表示方法。

10.4.2　接图表

　　接图表表明本幅图与相邻图纸的位置关系，以方便查索相邻图纸。接图表应绘制在图幅的左上方，通常是中间一格画有斜线的代表本幅图，四邻分别注明相应的图号或图名。此外，除了接图表外，有些地形图还把相邻图幅的图号分别注在东、西、南、北图廓线中间，进一步表明与四邻图幅的相互关系。

在线测试

10.4.3　图廓和坐标网格线

　　图廓是本幅图四周的界线。正方形图幅只有内图廓和外图廓之分。外图廓是用粗实线绘

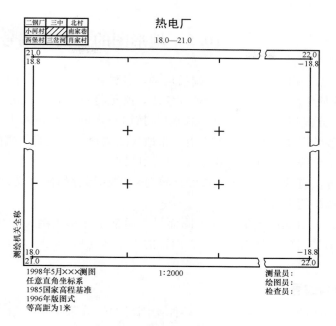

图 10-12　图名和图号表示方法

制的，对地形图起保护和装饰作用。内图廓是图幅的边界，每隔 10cm 绘有坐标格网线，并注明坐标值。规划设计中的中小比例尺图幅一般由经纬线构成。在经线和纬线的各交点（即四个图廓点）上，注写其相应的经纬度，如图 10-13 所示。另外在图廓内绘上表示经差 1′ 的纬线弧长和纬差 1′ 的子午线弧长的黑白相间线，叫作分度线或分度带。利用分度线能够确定图中点的地理坐标，如图 10-13 中 M 点的地理坐标约为：东经 119°31′.3，北纬32°01′.2。

中大比例尺地形图的图幅上还绘有坡度尺（图 10-14），用于在地形图上根据等高线直接量取地面坡度。坡度尺通常绘在图幅左下方。

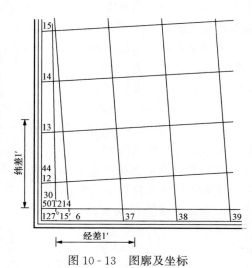

图 10-13　图廓及坐标

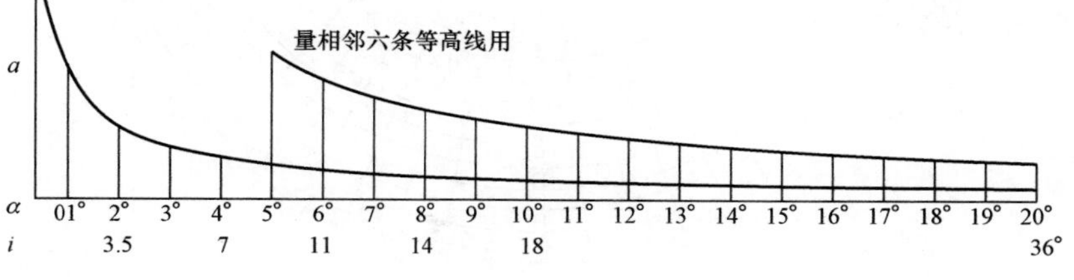

图 10-14　坡度尺

145

10.5 地形图的分幅与编号

我国地域宽广、幅员辽阔，各种比例尺的地形图也数量巨大。为了便于测绘、拼接、管理和使用，必须将不同比例尺的地形图进行统一的分幅和编号。所谓分幅，就是按照一定的规定和大小，将地面划分为若干个整齐、大小一致的图块，每一个图块用一张地形图测绘，称之为一幅图；而编号，就是对每一幅图确定一个系统的、有规则的号码，以示区别。

地形图分幅的方法有两种：一种是按经纬线分幅的梯形分幅法（又称国际分幅）；另一种是按坐标格网分幅的矩形分幅法。

地形图分幅的方式因测图比例尺的不同而异。通常中、小比例尺的地形图采用梯形分幅，大比例尺地形图采用矩形分幅。有些大面积的 1∶5000 和 1∶2000 比例尺基本图也可采用梯形分幅。

10.5.1 梯形分幅与编号

梯形分幅是国际性的统一分幅方法，各种比例尺的划分都是从起始子午线和赤道开始的，按规定的经度和纬度划分，并将各图幅统一编号。知道某地区或某点的经纬度，就可以求出该地区或该点所在图幅的编号；有了编号，就可以迅速找到需要的地形图，并确定该图幅在地球上的位置。

我国基本比例尺地形图是以国际 1∶100 万比例尺地形图分幅为基础的，其梯形图幅地形图的比例尺依次为：1∶100 万、1∶50 万、1∶25 万、1∶10 万、1∶5 万、1∶2.5 万、1∶1 万、1∶5000 和 1∶2000。

1. 1∶100 万地形图的分幅与编号

1∶100 万地形图的分幅采用国际 1∶100 万地形图分幅标准。如图 10-15 所示，从赤道起向南或向北分别按纬差 4°至 88°，各分为 22 横列，各列依次用 A、B、…、V 表示；从经度 180°开始自西向东按经差 6°划分为 60 纵行，各行依次用 1、2、3、…、60 表示。图幅编号由该幅图所在的横列字母和纵行数字组成，并在前面加上 N 或 S，以区分北半球和南半球，一般北半球的 N 可省略。

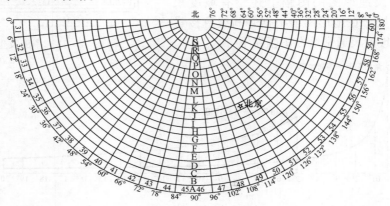

图 10-15 北半球 1∶100 万地形图的分幅与编号

　　我国地处东半球赤道以北，图幅范围在经度 72°～138°、纬度 0°～56°内，包括行号为 A、B、C、…、N 的 14 行、列号为 43、44、…、53 的 11 列。例如北京所在 1∶100 万地形图的编号为 J—50。

　　2. 1∶50 万、1∶25 万、1∶10 万地形图的分幅与编号

　　1∶50 万、1∶25 万、1∶10 万地形图的分幅和编号，都是以 1∶100 万地形图的分幅和编号为基础的。

在线测试

　　每幅 1∶100 万地形图按纬差 2°、经差 3°分为 4 幅，即得 1∶50 万地形图，分别以代码 A、B、C、D 表示。将 1∶100 万图幅的编号加上字母，即为 1∶50 万图幅的编号。

　　每幅 1∶100 万地形图按纬差 1°、经差 1.5°分为 16 幅，即得 1∶25 万地形图，分别用 [1]、[2]、…、[16] 代码表示。将 1∶100 万图幅的编号加上代码，即为 1∶25 万图幅的编号。

　　每幅 1∶100 万地形图按纬差 20′、经差 30′分为 144 幅，即得 1∶10 万的图，分别用 1、2、…、144 代码表示。将 1∶100 万图幅的编号加上代码，即为 1∶10 万图幅的编号。

　　如图 10-16 所示，在 1∶100 万地形图 J-50 图幅中，画斜线的阴影部分 1∶50 万图幅的编号为 J-50-D；画点画线的阴影部分 1∶25 万图幅的编号为 J-50-[4]；画网格线的阴影部分 1∶10 万图幅的编号为 J-50-78。

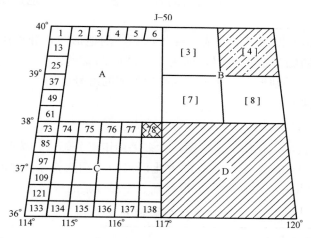

图 10-16　1∶50 万、1∶25 万、1∶10 万地形图的分幅与编号

　　3. 1∶5 万、1∶2.5 万、1∶1 万地形图的分幅与编号

　　1∶5 万、1∶2.5 万、1∶1 万地形图的分幅和编号，都是以 1∶10 万地形图的分幅和编号为基础的。

　　每幅 1∶10 万的地形图，可划分成 4 幅 1∶5 万的地形图，分别用 A、B、C、D 代码表示，将 1∶10 万图幅的编号加上代码，即为 1∶5 万图幅的编号。每幅 1∶5 万的地形图又可分为 4 幅 1∶2.5 万的地形图，分别以 1、2、3、4 代码表示，将 1∶5 万图幅的编号加上代码，即为 1∶2.5 万图幅的编号。

　　每幅 1∶10 万的地形图分为 64 幅 1∶1 万的地形图，分别以 (1)、(2)、…、(64) 代码表示，将 1∶10 万图幅的编号加上代码，即为 1∶1 万图幅的编号。

如图 10-17 所示，在 1∶10 万地形图 J-50-78 图幅中，左上角 1∶5 万图幅的编号为 J-50-78-A；画斜线的阴影部分 1∶2.5 万图幅的编号为 J-50-78-D-2；点填充的阴影部分 1∶1 万图幅的编号为 J-50-78-(8)。

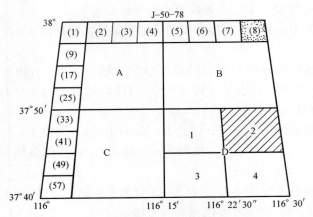

图 10-17   1∶5 万、1∶2.5 万、1∶1 万地形图的分幅与编号

4. 1∶5000 和 1∶2000 地形图的分幅与编号

1∶5000 和 1∶2000 地形图的分幅与编号，都是以 1∶1 万地形图的分幅和编号为基础的。

每幅 1∶1 万的地形图，可划分成 4 幅 1∶5000 的地形图，分别用 a、b、c、d 代码表示，将 1∶1 万图幅的编号加上代码，即为 1∶5000 图幅的编号。将 1∶5000 的地形图分成 9 幅，即得 1∶2000 的地形图，在 1∶5000 地形图的编号后加 1、2、…、9 代码表示，就是 1∶2000 地形图图幅的编号。

10.5.2 矩形分幅

用于各种工程建设的大比例尺地形图，大多采用矩形分幅法，按照统一的直角坐标格网来划分。1∶5000、1∶2000、1∶1000 的大比例尺地形图通常采用 50cm×50cm、40cm×40cm 正方形分幅或 40cm×50cm 的长方形分幅。矩形分幅的规格见表 10-2。

表 10-2   矩 形 分 幅 的 规 格

比例尺	长方形分幅		正方形分幅		分幅数	图廓坐标值 /m
	图幅大小 /(cm×cm)	实际面积 /km²	图幅大小 /(cm×cm)	实际面积 /km²		
1∶5000	50×40	5	40×40	4	1	1000 的整数倍
1∶2000	50×40	0.8	50×50	1	4	1000 的整数倍
1∶1000	50×40	0.2	50×50	0.25	6	500 的整数倍
1∶500	50×40	0.05	50×50	0.0625	64	50 的整数倍

矩形分幅的编号方法有坐标编号法、流水编号法和行列编号法三种。

1. 坐标编号法

坐标编号法一般采用图幅西南角纵横坐标的千米数来表示其编号，以"纵坐标‑横坐标"的格式表示。例如某幅图西南角的坐标 $x = 2604.0$km，$y = 1350.0$km，则其编号为 2604.0～1350.0。编号时注意，比例尺为 1：5000 的地形图取至整千米数；1：2000、1：1000的地形图取至 0.1km；而 1：500 的地形图，坐标值取至 0.01km。

2. 流水编号法

流水编号法一般是从左到右，由上到下用阿拉伯数值编号，如图 10‑18 所示。

3. 行列编号法

行列编号法一般是由上到下为横行，从左到右为纵列，以一定的代号按先行后列的顺序编号，如图 10‑19 所示。

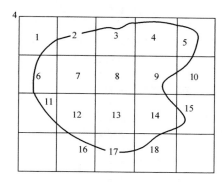

图 10‑18 流水编号法

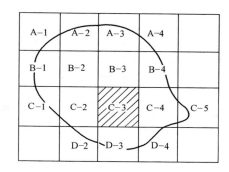

图 10‑19 行列编号法

某些工矿企业和城镇面积较大，且测绘有几种不同比例尺的地形图时，编号应以 1：5000比例尺地形图为基础，并作为包括在本图幅中的较大比例尺图幅的基本图号。例如，某1：5000图幅西南角的坐标值 $x = 20$km，$y = 60$km，则其图幅编号为"20‑60"。这个图号将作为该图幅中的较大比例尺所有图幅的基本图号。即在 1：5000 比例尺图号的末尾分别加上罗马数字 Ⅰ、Ⅱ、Ⅲ、Ⅳ，就是 1：2000 比例尺图幅的编号。同样，在 1：2000 比例尺图幅编号的末尾分别再加上 Ⅰ、Ⅱ、Ⅲ、Ⅳ，就是 1：1000 比例尺图幅的编号；在 1：1000 比例尺的图号末尾再加上 Ⅰ、Ⅱ、Ⅲ、Ⅳ，就是 1：500 比例尺图幅的编号。例如，一幅 1：5000 比例尺地形图的编号为 20‑60，则其他图幅的编号如图 10‑20 所示。

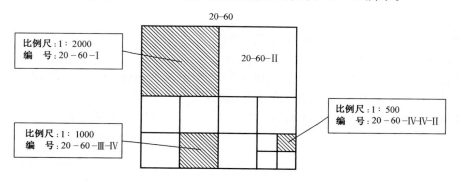

图 10‑20 不同比例尺的矩形分幅与编号

项 目 小 结

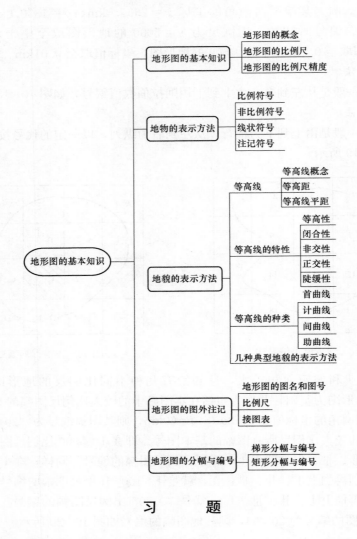

习　　题

1. 什么叫比例尺？它有几种类型？

2. 什么是比例尺精度？它对测图和用图有什么作用？

3. 地物符号有哪几种？

4. 什么是等高线？它有哪些特性？试用等高线绘出山头、山脊、山谷和鞍部等典型地貌。

5. 等高距、等高平距与地面坡度之间有什么关系？

6. 某地位于东经 $135°46'28''$、北纬 $37°04'51''$，写出其所在 1∶10 万、1∶1 万地形图的分幅与编号。

项目 11　大比例尺地形图的测绘

【主要内容】

测图前的准备工作；经纬仪测图法；地物和地貌测绘的基本方法；碎部测图的一般要求；地形图的拼接、检查与整饰等。

重点：经纬仪测图的步骤、地物与地貌的测绘方法；地形图的整饰和拼接。

难点：地貌特征点的选择，等高线的勾绘。

【学习目标】

知识目标	能力目标
（1）了解测图前的准备工作内容；	（1）能进行地物和地貌特征点的选取；
（2）理解经纬仪测图的作业步骤；	（2）能根据测图比例尺进行地物取舍；
（3）掌握地物及地貌的测绘方法；	（3）能绘图地形图
（4）掌握地形图的拼接、检查与整饰	

【思政目标】

通过学习大比例尺地形测绘的基本理论和工作方法，深刻认识到科技兴国的重要性，鼓励学生学习科技工作者的爱国精神、奉献精神、科技报国精神，激励学生为国家建设、民族振兴而努力学习。

11.1　概　　述

地形测绘的主要任务就是使用测量仪器，按照一定的程序和方法，将地物和地貌及其地理元素测量出来并绘制成图。地形测绘的主要成果就要是得到各种不同比例尺的地形图。而大比例尺的地形测绘所研究的主要问题，就是在局部地区根据工程建设的需要，如何将客观存在于地表上的地物和地貌的空间位置以及它们之间的相互关系，通过合理的取舍，真实准确地测绘到图纸上。由于大比例尺地形测绘的特点是测区范围小、精度要求高、比例尺大，因而在如何真实准确地反映地表形态方面具有其特殊性。

1∶1万～1∶10万比例尺国家基本地形图主要采取的是航空摄影的方法或综合法进行测绘成图，而小于1∶10万的小比例尺地形图则是根据较大比例尺的地形图及各种资料编绘而成。通常所说的大比例尺测图是指1∶500～1∶5000比例尺的地形图测绘，主要采用的是传统的平板仪测图法、经纬仪测图法，也有很多采用摄影测量的方法来施测。近年来，随着测绘技术飞速发展和电子仪器的广泛运用，全站仪数字化测图已被越来越多地使用。

1∶1万和1∶5000地形图是国家基本比例尺地形图，它是国民经济建设各部门进行规划设计的一项重要依据，也是编制其他各种小比例尺地形图的基础资料。1∶5000比例尺的地形图通常用于各种工程勘察、规划的初步设计和方案的比较，也用于土地整理和灌溉网的计划、地质勘探成果的填绘和矿藏量的计算等。1∶2000和1∶1000比例尺的地形图主要供各种工程建设的技术设计、施工设计和工业企业的详细规划所用。

大比例尺地形图主要用于国民经济建设，是为适应城市和工程建设的需要而施测的。而更大比例尺的地形图测绘主要是供特种建筑物（如桥梁、主要厂房等）的详细设计和施工所用，在测绘这种比例尺的地形图时，面积更小，表现得更加详细，精度要求也更高。对于不同工程设计的需要，设计部门会根据对地形图图纸的精度和内容的不同而选择不同比例尺，不同的阶段，也往往选择不同的比例尺。在初步设计阶段，一般采用较小比例尺的地形图；在施工设计阶段，多数采用 1∶1000 比例尺的地形测图。对于城市社区或者某些重要主体工程，要求精度很高，通常采用 1∶500 比例尺地形图测绘。值得指出的是，有些中小厂矿或单体工程在施工设计时也采用 1∶500 比例尺地形图测绘，并不是因为 1∶1000 比例尺地形图的精度达不到要求，而是因为其图面较小，选择较大的图面更能反映出设计内容的细部，这时也可考虑采用将原图放大的方式或适当放宽测图精度要求来实行。

总之，大比例尺的地形图测绘是为适应城市的发展和工程建设的需要而施测的，是城市基本地形图，一般应按照统一的规范去测绘。大量的大比例尺地形图是为设计和使用单位专门测绘的，是为某项具体工程项目服务的，这些图目的明确、专业性强、保留限期不一，施测时在精度、内容和表现形式等方面都应该遵照不同部门的特点和要求而有所偏重，根据经济、合理的原则，按照有关具体技术规定进行。

课件浏览　测图前的
准备工作

11.2　测图前的准备工作

控制测量之后，应做好测图前的准备工作，具体包括技术资料的收集、仪器工具的准备、绘制坐标格网和展绘控制点等内容。

11.2.1　技术资料的收集

测图前，应收集有关的测量规范、地形图图式和设计计划书、任务书，整理所有测区内控制点的坐标和高程成果，做好测区内地形图的分幅和编号工作。

11.2.2　仪器工具的准备

测图前，要准备好测图所需的仪器工具，以免到了野外后因仪器工具的损坏或遗漏而影响工作；对测图使用的仪器应进行检验、校正。测图所需的图纸，目前一般采用聚酯薄膜，它具有伸缩性好、透明度好、不怕潮湿、牢固耐用、质量轻、便于携带和保存、可洗涤等优点，但此薄膜易燃、易折。

11.2.3　控制点的展绘

坐标方格网绘制完成后，根据测区内地形图分幅确定各图纸图廓的角坐标，并在坐标格网外标注坐标值。展绘控制点时，首先应确定控制点位于哪一个方格内。如图 11 - 1 所示，控制点 A 的坐标 $X_A = 226.32\text{m}$，$Y_A = 248.09\text{m}$，因此，确定 A 点位于 1、2、3、4 方格内。从 2、4 两点向

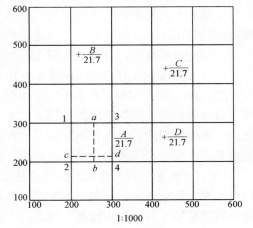

图 11 - 1　展绘控制点

上依比例尺量 26.32m，得出 c、d 两点，再从 1、2 两点依比例尺向右量 48.09m，得出 a、b 两点，连接 cd 和 ab，其交点即为控制点 A 所在图上的位置。按照同样的方法将其他各控制点依次展绘在图纸上。

　　展绘完所有的控制点后应进行检查，应量取相邻控制点间的图上距离，与其相应的实地距离进行比较，其差值不能超过图上 ±0.3mm，否则应重新展绘控制点。

在线测试

　　当控制点的坐标在图纸上确定下来以后，还要以分数形式标注其点号和高程、控制点符号的大小和形状，以及点名和高程的注记应严格按照图式要求来确定。

课件浏览　经纬仪测图法

11.3　经纬仪测图法

　　地形图测绘即根据图纸上的控制点坐标，将周围的地物点和地貌点的平面位置和高程测量并绘制在图纸上。根据所使用的仪器设备的不同，传统的测图的方法主要经纬仪测图法、大平板仪测图法、小平板仪测图等形式。随着测绘技术和电子仪器的发展，全站仪数字化测图逐渐取代了这些传统的测图方法。因此，本章仅对经纬仪测图法进行简单的介绍，数字化测图法将在其他课程中学习。

11.3.1　经纬仪测图法原理

　　如图 11-2 所示，将经纬仪安置于测站点（例如导线点 A）上，将测图板（不需置平，仅供作绘图台用）安置于测站旁，用经纬仪测定碎部点方向与已知（后视）方向之间的夹角，用视距测量方法测定测站到碎部点的水平距离和高差，然后根据测定数据按极坐标法，用量角器（图 11-3）和比例尺把碎部点的平面位置展绘于图纸上，并在点位的右侧注明高程，再对照实地勾绘地形图。这个方法的特点是在野外边测边绘，优点是便于检查碎部有无遗漏及观测、记录、计算、绘图有无错误，就地勾绘等高线，地形更为逼真。此法操作简单灵活，适用于各类地区的测图工作。

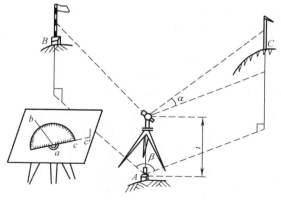

图 11-2　经纬仪测绘法示意图

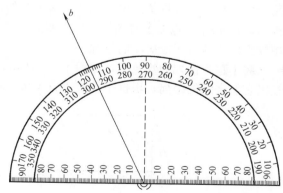

图 11-3　量角器

11.3.2　经纬仪测图的步骤

　　经纬仪测图的施测方法如图 11-2 所示，具体步骤如下：

（1）观测员安置经纬仪于测站点 A 上，对中和整平仪器，量取仪器高 i，并记录。绘图员将测图板置于测站旁的适当位置，用大头针将半圆仪的中心固定在图上 A 点。在控制点 B 上安放标杆，在碎部 C 上安置标尺。

（2）观测员利用瞄准已知控制点 B，将水平度盘配置为 $0°00'00''$。

（3）顺时针旋转经纬仪照准部，瞄准碎部点 C，读取标尺上的上、中、下三丝读数，读取水平角 β 和竖盘读数，并计算出竖直角 α。

（4）用视距测量公式计算出 AC 两点的水平距离 D 及高差 h，并计算出 C 点的高程。

（5）绘图员用半圆仪在图上以 ab 方向为基准量取 β 角，定出 ac' 方向，将实地距离 D 按测图比例尺换算成图上距离 d，在 ac' 方向上量取水平距离 d 定出 c 点的位置。

（6）在 C 点旁注上高程，即测得碎部点 C 在图上的位置。

按此方法可测绘出所有的碎部点，最后按照实际地形情况将碎部点连接起来，绘制成地形图。

11.4　地　物　的　测　绘

11.4.1　地物测绘的基本方法

按照属性的不同，一般将地物分为居民地、道路、管线、水系、植被、境界、独立地物等几大部分。现将这几部分地物的测绘和表示方法简要介绍如下。

1. 居民地的测绘

居民地是地形测图的重要地形要素，其排列形式多种多样，有街区式（城市）、散列式（农村）和单点式（窑洞、蒙古包）等。

测绘居民地应根据所需的测图比例尺的不同，进行综合取舍，正确表示其结构特征，反映外部轮廓特征，区分内部的主要街道、较大的场地和其他重要的元素。

测绘居民地，主要是要测出各建筑物轮廓线的主要转折点（房角点），然后连接成图。测量房屋时，一般只要测出房屋三个房角点的位置，即可确定整个房屋的位置。如图 11-4 所示，在测站 A 点上安置仪器，以控制点 B 为后视方向，将标尺分别立于房角点 1、2、3，用极坐标法即可测定房屋的位置。

对于整齐排列的建筑群，如图 11-5 所示，可以先测绘出几个控制性的碎部点，然后丈量出它们之间的距离，根据平行或垂直关系，将建筑物在图纸上直接画出来。

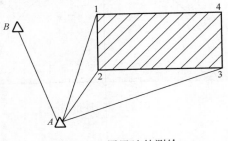

图 11-4　居民地的测绘

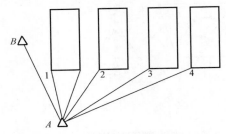

图 11-5　建筑群的测绘

居民地建筑物密集或隐蔽地区，合理运用建筑物之间的相对关系十分重要，运用恰当能大大提高测图的效率。在运用相对关系的同时，应注意加强检核，以免出错。另外，应控制同一相对关系的大面积或连续的应用，以免影响测图的精度。

居民地房屋轮廓线的转折点很多，但每一幢房屋地基的高程一般相同，甚至附近若干幢房屋的地基高程也相同，所以其高程不必每点都注记，只代表性注记即可。若每幢房屋的地基高程不同，则需分别注记。房屋一般还要注记类别、材料和层数等属性。

附属建筑物的台阶、门廊、室外楼梯、通道、地下室、街道旁走廊等，能按比例尺测绘的都应测绘出来，并用相应的符号表示。居民地的街道、学校、医院、机关、厂矿等均应按照现有的名称注记。

2. 道路的测绘

道路包括铁路、公路、大车路、人行小路等。道路及其附属建筑物如车站、里程碑、路堤、桥涵、收费站等，都应测绘到地形图上。

道路分为双线路和单线路。双线路在不同的情况下，可以依比例或半依比例缩绘在地形图上。道路一般由直线和曲线两部分组成，其特征点主要是直线的起点、终点、交叉点、分叉点，直线与曲线的连接点，曲线的变换点等。

（1）铁路。如图 11 - 6 所示，测绘铁路时，标尺应立于铁轨的中心线上，铁路符号按国家图示规定表示。在进行 1∶500 或 1∶1000 比例尺地形测图时，应按照比例绘出轨道宽度，并将两侧的路肩、路堤、路沟也表现出来。

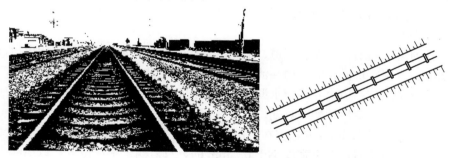

图 11 - 6　测绘铁路标尺的表示

铁路上的高程应测轨面高程，曲线部分应测内轨面高程。在地形图上，高程均注记在铁路的中心线上。

铁路两旁的附属建筑物按照其实际位置测量并绘制出来，以相应的图示符号表示。

（2）公路。公路在图上一律按实际位置测绘。测量时，可采用将标尺立于公路路面的中心或路面的一侧，丈量路面的宽度按比例尺绘制；也可将标尺交错立于路面的两侧，分别连接相应一侧的特征点，画出公路在图上的位置。选用何种方法依具体情况而定。

公路在图上应用不同等级的符号分别表示，并注记路面材料。公路的高程应测量公路中心线的高程，并注记于中心线。

公路两旁的附属建筑物按实际位置测绘，以相应的图示符号表示。路堤和路堑的测绘方法与铁路相同。

（3）大车路。大车路一般指路基未经修筑或经简单修筑，能通行大车，有的还能通行汽车的道路。大车路的宽度大多不均匀，且变化大，道路部分的边界线也不明显。在测绘时，可将标尺立于道路的中心，按照平均路宽以地形图图示规定的符号绘制。

（4）人行小路。人行小路主要是指居民地之间往来的通道，或村庄间的步行道路，可通行单轮车，一般不能通行大车。田间劳动的小路一般不测绘，上山的小路应视其重要程度选择测绘。测绘时，将标尺立于小路的中心，测定中心线，以单虚线表示。由于小路弯曲较多，标尺点的选择要注意取舍，既不能太密，又要正确反映小路的位置。

有些小路若与田埂重合，应绘小路而不绘田埂；有些小路虽不是直接由一个居民地通向另一个居民地，但它与大车路、公路或铁路相连，则应视测区道路网的具体情况决定取舍。

各种道路均应按现有的名称注记。

3. 管线的测绘

在线测试

管线包括地下、地上和空中的各种管道、电力线和通信线。管道包括上水管、下水管、暖气管、煤气管、通风管、输油管以及各种工业管道等；电力线包括各种等级的输电线（高压线和低压线）；通信线包括电话线、有线电视线、广播线和网络线等。

测绘管线时，应实测其起点、终点、转折点和交叉点的位置，按相应的符号表示在图上。架空管线应实测其转折处支架杆的位置，直线部分应根据测图比例尺和规范要求进行实测或按长度图解求出。

各种管道还应加注类别，如"水""暖""风""油"等。电力线有变压器时，应实测其变压器位置，按相应图示符号表示。图面上各种管线的起止走向应明确清楚。

4. 水系的测绘

水系包括河流、湖泊、水库、渠道、池塘、沼泽、井、小溪和泉等，其周围的相关设施如码头、水坝、水闸、桥涵、输水槽和泄洪道等也要实测并表示在图上。

各种水系应实测其岸边边界线和水涯线，并注记高程。水涯线应按要求在调查研究的基础上进行实测，必要时要注记测图日期。

河流图上宽度大于 0.5mm 的，应在两岸分别竖立标尺测量，在图上按测图比例尺以实宽双线表示，并注明流向；图上宽度小于 0.5mm 的，只需测定中线位置，以单线表示。

沟渠图上宽度大于 1mm 的，以双线按比例测绘，堤顶的宽度、斜坡、堤基底宽度均应实测按比例表示；图上宽度小于 1mm 的，以单线表示。堤底要注记高程。沟渠的土堤高度大于 0.5m 的，要在图上表示。

泉源、井应测定其中心位置，在水网地区，当其密度较大时，可视需要适当取舍。泉源应注记高程和类别，如"矿""温"等。井台的高程要测定，并注记在图上。

沼泽按其范围线按比例实测，要区分是否通行并以相应的符号表示。盐碱沼泽应加注"碱"。

各种水系有名称的应注记名称。属于养殖或种植的水域，应注记类别，如"鱼""藕"等。

5. 植被的测绘

植被是指覆盖在地球表面所有植物的总称，包括天然的森林、草地、灌木林、竹林、芦苇地等，以及人工栽培的花圃、苗圃、经济作物林、旱地、水田、菜地等。

测绘各种植被，应测定其外轮廓线上的转折点和弯曲点，依实地形状按比例描绘出地类线，并在其范围内填充相应的地类符号，如图 11-7 所示。

森林在图上的面积大于 $25cm^2$ 时，应注记树的种类，如"松""荔枝"等，幼苗和苗圃应注记"幼""苗"。

同一块地生长多种植物时，植被符号可以配合使用，但最多不得超过 3 种。若植物种类超过 3 种，应按其重要性或经济价值的大小和多少进行取舍。符号的配置应与植物的主次和疏密程度相适应。

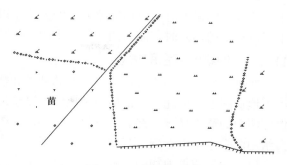

图 11-7　植被的表示

植被的地类线与地面上有实物的线状符号（如道路、河流、桓栅等）重合时，地类界应省略不绘；若与地面上无实物的线状符号（如电力线、通信线等）重合时，则移位绘出地类线。

植被符号范围内，若有等高线穿过，应加绘等高线；若地势平坦（如水田）而不能绘等高线的，应适当注记高程。

6. 境界的测绘

境界是国家间及国内行政规划区之间的界线，包括国境线、省级界线、市级界线、乡镇级界线四个级别。国境线的测绘非常严肃，它涉及国家领土主权的归属与完整，应根据政府文件测定。国内各级境界线应按照有关规定和规范要求精确测绘，以界桩、界碑、河流或线状地物为界的境界，应按图示规定符号绘出。不同级别的境界重合时，只绘高级别境界线，各种其他地物注记不得压盖境界符号。

7. 独立地物的测绘

独立地物一般都以非比例符号表示。非比例符号的中心位置与该地物实地的中心位置的关系，随各种地物的不同而异。在测图时应注意下列几点：

（1）规则的几何图形符号，如圆形、正方形、三角形等，以图形几何中心点为实地地物的中心位置。

（2）底部为直角形的符号，如独立树、路标等，以符号的直角顶点为实地地物的中心位置。

（3）宽底符号，如烟囱、岗亭等，以符号底部中心为实地地物的中心位置。

（4）几种图形组合的符号，如路灯、消火栓等，以符号下方图形的几何中心为实地地物的中心位置。

（5）下方无底线的符号，如山洞、窑洞等，以符号下方两端点连线的中心为实地地物的中心位置。

另外，各等级的控制点（如三角点、导线点、GPS 点、水准点等）都必须精确地测定并绘制在地形图上。图上各控制点的点位就是相应控制点的几何中心，同时必须注记控制点的名称和高程。控制点的名称和高程以分数形式表示在符号的右侧，分子为点名或点号，分母为高程，高程注记一般精确到 0.001m，采用三角高程测定的注记到 0.01m。

在地物测绘的过程中，有时会发现图上绘出的地物和实际情况不符，如本应为直角的房屋在图上不成直角，一条直线上的路灯图上显示不在一条直线上等。这时应做好外业测量的检查工作，如果属于观测错误，应立即纠正；若不是观测错误，则有可能是由于各种误差积累所引起的，或在两个测站观测了同一地物的不同部位而造成的。当这些不符现象在图上小于规范规定的误差时，可用误差分配的方法予以消除，使图上地物的形状和实地相似；若大于规范规定的误差时，需补测或部分重测。

11.4.2　地物的综合取舍原则

在进行地形图测绘时，由于地物的种类和数量繁多，不可能将所有的地物一点不漏地测绘到地形图上。因此，无论用何种比例尺测绘地物，为了既显示和保持地物分布的特征，又保证图面的清晰易读，都必须对尺寸较小、在图上难以清晰表示的地物进行综合取舍，且不会给用图带来重大影响。其基本原则如下：

（1）地形图上地物的位置要求准确、主次分明，符号运用得当，充分反映地物特征。图面要求清晰易读、便于利用。

（2）由于测图比例尺的限制，在一处不能同时清楚地描绘出两个或两个以上地物符号时，可将主要地物精确表示，而将次要地物移位、舍弃或综合表示。移位时应注意保持地物间相对位置的正确；综合取舍时要保持其总貌和轮廓特征，防止因综合取舍而影响地貌的性质。如道路、河流图上太密时，只能取舍，不能综合。

（3）对于易变化、临时性或对识图意义不大的地物，可以不表示。

总而言之，综合取舍的实质旨在保证测图精度要求的前提下，按需要和可能，正确合理地处理地形图内容中的"繁与简""主与次"的关系问题。当内容繁多，图上无法完整地描绘或影响图纸的清晰性时，原则上应舍弃一些次要内容或将某些内容综合表示。各种要素的主次关系是相对而言的，且随测区情况和用图目的的不同而异。某些显著、具有标志性作用或具有经济、文化和军事意义的各种地物（如独立树、独立房屋、烟囱等），虽然很小，但也要表示。例如，在荒漠或半荒漠的地区，水井和再小的水塘都不能舍弃；沙漠中的绿洲（树木）也不能舍弃。

课件浏览　地貌的
测绘

11.5　地　貌　的　测　绘

地貌是由等高线表示的，地貌的测绘实质上就是等高线的测绘。测绘等高线和测绘地物一样，首先应测定地貌特征点的平面位置和高程，然后连接地性线，即得地貌骨干的基本轮廓，接着按等高线的性质，对照实地情况就能绘制出等高线。

1. 测定地貌特征点

地貌特征点是指各类地貌的坡度变换点，如山顶点、鞍部点、山脊线与山谷线的坡度变换点、山坡上的坡度变换点、山脚与平地相交点等。

测定地貌特征点，首先应认真观察和分析地形，选择恰当的立尺点，然后用极坐标法或方向交会法逐一测定立尺点的平面位置，用小点表示在图上，旁边注记高程。

2. 连接地性线

当图上有了一定数量的地貌特征点后，必须及时按实地情况连接地性线。通常用细实线连成分水线，用细虚线连成合水线，如图 11-8 所示。这些地性线构成了地貌的骨干网线，从而基本确定了地貌的起伏形态。勾绘地性线最好是边测边绘，以免连错点。另外，连接地性线是为了勾绘等高线之用，当等高线绘制完毕后，要将地性线全部擦掉。故地性线要轻绘，切不可下重笔。

3. 确定基本等高线的通过点

根据图上画出的地性线，确定各地性线上等高线的通过点，然后连接相邻两地性线上高程相同的点，描绘等高线。

由于所测地形点大多不会正好落在等高线上，所以必须在同一地性线上相邻点间，先用目估等比内插法定出基本等高线的通过点，常采用"取头定尾等分中间"的定点方法。

如图 11 - 9 所示，a、b 为某一地性线上按比例缩绘的相邻两点，在 a 点和 b 点之间，先目估定出 63m 和 66m 点的位置，然后再等比内插法目估出 64m、65m 点的位置。这样就定出了 A、B 之间各条等高线所经过的点。

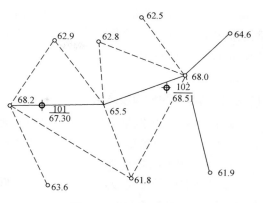

图 11 - 8　连接地性线

4. 等高线的勾绘

按照上述方法确定所有地性线上等高线的通过点，再根据实际情况，将高程相等的点用光滑的曲线连接起来，即勾绘出等高线，如图 11 - 10 所示。

不能用等高线表示的地貌，如悬崖、峭壁、土堆、冲沟、雨裂等，应按图式中的标准符号表示。

在线测试

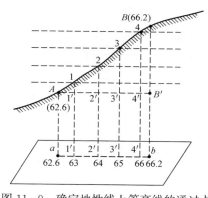

图 11 - 9　确定地性线上等高线的通过点

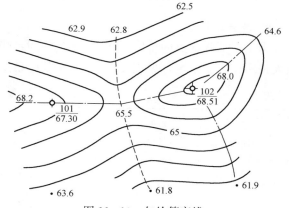

图 11 - 10　勾绘等高线

11.6　碎部测图的一般要求

课件浏览　碎部测图的一般要求

大比例尺地形图测绘的碎部测量相对于其他工作而言比较复杂，工作内容具体、琐碎，工作量大，遇到的问题多，而且大部分工作必须在野外完成。因此，为了提高测图的效率和精度，测绘人员必须在测图前熟悉测量技术规范，掌握碎部测图的工作工序、各种要求和注意事项，并在测图过程中积累经验，认真仔细地进行测图工作。

通常，在平坦地区应以测绘地物为主，且主要测绘地物的平面位置，适当求解部分碎部点的高程。例如：在居民区，一般只测房角的平面位置，可不测每个房角碎部点的高程；对于街道和路口可适当测记几个高程点；而对于大面积的空场地、耕地，可以"品"字形均匀测绘高程注记点，一般在图上 2～3cm 保留一个地形点；在山地、丘陵地区，由于地物很少，应以测绘地貌为主。所有碎部点的位置、数量应以描绘等高线为目的，并尽量做到边测边绘。

11.6.1　碎部测图的技术要求

碎部测量应严格执行所在行业的相关规范。我国各行业对地形测量的规范略有不同。以下就一般情况加以简要说明。

1. 地形测图的精度要求

地形测图的精度是以地物点相对于邻近图根点的位置中误差以及等高线相对于邻近图根点的高程中误差来衡量的。这两种误差不应大于表 11-1 中的规定。

表 11-1　　　　　　　　　　　　　地形测图的精度要求

测区类别	图上地物点位置中误差/mm		等高线的高程中误差（等高距）		
	轮廓明显的地物	轮廓不明显的地物	<6°	6°～15°	>15°
一般地区	±0.6	±0.8	1/3	1/2	1
城镇建筑区	±0.4	±0.6			

2. 最大视距

为了保证碎部点的精度，在大比例尺地形测图中，一般规范都对立尺点与测站点之间的最大视距作出了限定，见表 11-2。对于某些精度要求不高的地区可以适当降低要求。

表 11-2　　　　　　　　　　　　　碎 部 点 的 最 大 视 距

地物类型	最大视距/m	比 例 尺			
		1∶500	1∶1000	1∶2000	1∶5000
主要地物点	一般地区	60	100	180	300
	城镇建筑区	50	80	120	—
次要地物点和地貌点	一般地区	100	150	250	350
	城镇建筑区	70	120	200	—

3. 碎部点的密度要求

在满足最大视距要求的情况下，应合理掌握碎部点的密度，力争用最少、最精的碎部点，真实、全面、准确地确定出地物和等高线的位置。若点数太少，就会使描绘因缺乏依据而影响测图的精度；若点数太多，不仅会降低测图速度，而且还影响图面的清晰美观，对用图造成不便。

对地物测绘来说，碎部点的数量取决于地物数量的多少及其形状的繁简程度；对地貌测绘来说，碎部点的数量取决于测图比例尺、等高距的大小以及地貌的复杂程度。一般在地势平坦处，碎部点可适当减少；在地面坡度变化较大或转折点较多时，应适当增加立尺点。在直线段或坡度均匀的地方，碎部点的最大间距也有一定的要求，见表 11 - 3。

表 11 - 3　　　　　　　　　　　　　　**碎 部 点 的 最 大 间 距**

测图比例尺	1∶500	1∶1000	1∶2000	1∶5000
地貌点最大间距/m	15	30	50	100

4. 图面要求

地形图的图面要求内容齐全、主次分明、清晰易读，各种地物和地貌位置正确、形状相似、综合取舍恰当，各种线条和地形符号运用正确、标准、统一，各种文字说明、注记要真实、齐全、规范。

11.6.2　碎部测图的检查

在线测试

在碎部测图的各环节中，都会产生误差，甚至粗差。为了消除粗差、减小误差，保证碎部测图的精度，必须加强对碎部测量各环节的检查，这样才能得到最终合格的地形图成果。

测图前，应对测站点和定向点进行检查，目的是为了保证所用的已知点及展点的正确性。检查的内容包括方向、距离和高程，俗称"三检查"。现以经纬仪配合小平板测图为例，介绍具体的检查方法。在测站 A 点上安置经纬仪，对中、整平，并瞄准另一已知点 B，将水平度盘配置为 $0°00'00''$，然后用经纬仪盘左瞄准第三个已知点 C 上的标尺，读取水平度盘读数。与图纸上这三个点构成的相应角度比较，若较差不超过 15″或引起检查点在检查方向的垂直方向上的偏差不超过图上 0.3mm 即为合格；读取视距和竖直角，计算水平距离并换算图上距离，与图上 A、C 两点量测的距离比较，若较差不超过 0.3mm 即为合格；用以上观测数据及测站点高程和仪器高，计算 C 点的高程，与 C 点的已知高程比较，若较差不超过等高距的 1/5 即为合格。"三检查"的观测数据均应记入记录手簿。

测图过程中，要经常检查零方向是否变动。为了节省观测时间，避免跑尺员频繁地返回定向点，可采用间接法进行检查。即在初始定向后，用经纬仪瞄准附近某一明显地物，记住水平方向的读数，或用照准仪照准附近某一明显地物，在图纸上画出来。这样，在测图过程中的方向检查只需检查这一明显地物的方向即可。

一测站观测完后，不能急于迁站，而应再次进行仪器定向的检查，若检查符合要求，则可以迁站，否则应补测或部分重测。

迁站后，要注意进行邻站检查。邻站检查是生产实践中控制地形图测图精度的一种重要手段。邻站检查，就是对相邻测站边缘地区的明显地物或地貌特征点，在本测站已将其绘制在图纸上的情况下，在相邻测站上再对其进行观测检核。同一碎部点由不同测站测定的图上位置差和高程差不能超过碎部点中误差的 3 倍。若超过限差，应分析原因，甚至部分重测。邻站检查应在一测站测图前进行，并记入手簿，以备测图验收之用。

11.6.3　碎部测图的配合

碎部测图是以测图小组为单位开展工作的，无论用何种方法测图，观测员、跑尺员、记录员和绘图员都应保持团结精神，相互协作，这对小组测图的进度十分重要。尤其是绘图员和跑尺员之间的配合，往往成为影响测图效率和精度的关键因素。

在一个测站开始测图前，测图小组应仔细观察测图范围，分析周围地形特征，商定测图次序、跑尺路线和综合取舍的内容。统一思想后，各作业人员做到心中有数，忙而不乱。尤其是跑尺员，在施测前应与绘图员统一认识，正确选定地物点和地貌点。跑尺员跑点要有次序，不能东跑一点、西跑一点，应尽量测完一个地物，再测另一个地物。

为了方便跑尺员与绘图员或观测员之间的联系，应充分利用旗语、摆动标尺等约定的联络信号，或配置对讲机，以提高测图效率。

为了准确地测绘较复杂的地物、地貌，有时绘图员需到立尺点查看，了解各碎部点间的关系；跑尺员应经常向绘图员报告立尺点的情况和跑尺计划，注意调查地理名称和量测陡坎、冲沟等比高，复杂的地方还需画草图，为绘图员提供参考。对本测站上无法测绘的局部隐蔽地区的地形，立尺员要向观测员介绍，以便研究处理的方法。每测完一片时，跑尺员应回到测站查看勾绘的地形是否与实地相符，以便及时发现错误并作必要的修改或补充。

另外，碎部测量要坚持现场边测边绘，切忌图面上测了一大片，却没有画出一个地物或一根等高线来。如果图上碎部点很多，未能及时画出图形，等到后来画时就很容易出错。地形图上的线条、符号和注记一般也要在现场完成，做到站站清、天天清、人人清。

课件浏览　地形图的拼接、整饰与验收

11.7　地形图的拼接、整饰与验收

11.7.1　地形图的拼接与整饰

当测区面积较大时，整个测区必须划分为若干幅图进行施测。为了保证相邻图幅的正确拼接，一般要求每幅图应测出图括外 5mm。最好在建立控制网时，就应在图边附近布设一定数量的图根点，并使之成为相邻图幅的公共测站点。

由于测量误差和绘图误差的影响，在相邻图幅连接处，无论是地物轮廓线，还是等高线往往不能完全吻合。在左、右两图幅相邻边的衔接处，房屋、河流、等高线都有偏差。如图 11-11 所示。施测完整个测区地形图后，相邻图幅需要进行严格的拼接。

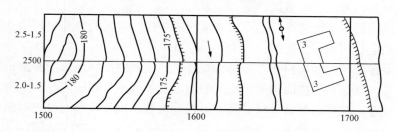

图 11-11　地形图的拼接

拼接方法：当用聚酯薄膜进行测图时，可不勾绘图边，利用其自身的透明性，将相邻两幅图的坐标格网线重叠，估算出地物及等高线的接边误差。接边误差不超过表 11-4 中规定的地物点平面位置中误差、等高线高程中误差的 $2\sqrt{2}$ 倍时，则可取其平均位置进行改正。若接边误差超过规定限差，则应分析原因，到实地测量检查，进行改正。当用非薄膜测图时，将一幅图的图边用透明纸蒙绘下来，用于和其相邻的另一幅图边相比较进行拼接。

表 11-4 　　　　　　　　　　　**地物点平面位置中误差和地形点高程中误差**

地区类别	点位中误差	高山地	山地	丘陵地	平地	铺装地面
山地、高山地	图上 0.8mm	高程注记点的高程中误差				
		h	$2h/3$	$h/2$	$h/3$	0.15m
城镇建筑区、工矿建筑区、平地、丘陵地	图上 0.6mm	高程注记点的高程中误差				
		h	h	$2h/3$	$h/2$	

各图幅经拼接后，便可进行原图的铅笔整饰。所谓铅笔整饰是指对地形图进行整理和修饰，用橡皮擦去图上不应保留的所有点、线（如地性线，但应保留碎部点高程以供清绘时参考），然后按照图示和有关规范，用光滑的线条重新描绘各种符号和注记（边擦边绘，线条不能太粗）。地物轮廓和等高线应明晰清楚，并与实测位置严格一致，不能随意变动。各种注记字头一律朝北。地物的文字注记应选择适当位置，不要遮盖地物。其次按图示规定进行内、图廓的整饰，应画出内、外图廓，坐标网线、邻接图表，并按规定注记图名、图号、测图采用的坐标系和高程系、测图比例尺、基本等高距、测绘机关名称、日期、观测员、绘图员和检查员的姓名等。如果是地方独立坐标系，还应画出正北方向。

11.7.2 地形图的检查与验收

为了确保地形图的质量，除施测过程中加强检查外，在地形图测完后，必须对成图质量作一次全面检查。

1. 地形图的检查

（1）室内检查。首先应检查各种观测计算是否齐全，记录手簿和计算是否有误、超限，有无涂改情况等。在控制测量成果计算中，各项计算是否正确清晰。

在线测试

其次还应检查地形原图是否符合要求，图上地物、地貌各种符号注记是否有错；等高线与地形点的高程是否相符，有无矛盾或可疑之处；图边拼接有无问题等。如发现错误或不清晰的地方，应到野外进行实地检查修改。

（2）外业检查。检查时应带原图沿预定的线路巡视，将图上的地物、地貌和对应实地上的地物、地貌进行对照检查。查看的内容主要是图上有无遗漏或错误的地方，名称、注记是否与实地一致等，特别是应对接边时所遗留的问题和室内图面检查时发现的问题作重点检查。

对于室内检查和野外巡视检查中发现的错误和疑点，应用仪器进行实地设站检查，除对发现的问题进行修正和补测外，还要对本测站所测地形进行检查，看原测地形图是否符合要求，如发现点位误差超限，应按正确的观测结果修正。

2. 验收

各种观测计算资料以及原图经全面检查认为符合要求后，应按其质量评定等级，予以验收。

验收时应首先检查成果资料是否齐全，然后在全部成果中抽取较为重要的部分作重点检查，包括内业成果、资料和外业施测的检查，其余部分作一般性检查。通过检查鉴定各项成果是否合乎规范及有关技术指标的要求，对成果质量作出正确的评价。

如果验收结果超限误差的比例超过规定，或是发现成果中存在较大的问题，上级业务部门可暂不验收，应将成果退回作业组，令其进行修改或重测。

3. 上交成果

上交成果包括控制测量成果和地形图两部分。控制测量成果的资料包括各级控制网展绘略图（包括分幅图、水准路线图、导线网图等）、外业观测手簿、装订成册的计算资料及平面控制和高程控制成果表等。地形图的资料包括完整的地形原图、地形测量手簿、接边接合表以及技术总结等。

项 目 小 结

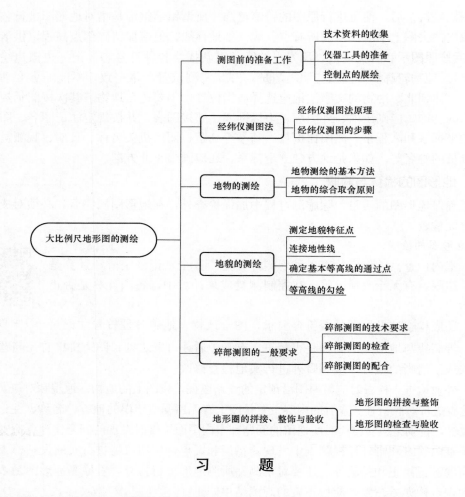

习 题

1. 大比例尺地形图设计包括的内容有哪些？
2. 试述地形图测图的准备工作及其主要工序的精度要求。
3. 简述经纬仪测绘法的步骤。
4. 如何进行地物的取舍？
5. 地形测图时，跑尺员应如何选择立尺点？
6. 衡量一幅地形图质量的指标有哪些？如何检查地形图的质量？

项目 12　地 形 图 的 应 用

【主要内容】

在地形图上确定点的坐标与高程；量测地形图上直线的长度、方向和坡度；地形图上量算面积；绘制断面图；按限制坡度选择最短路线；确定汇水面积边界；场地平整测量。

重点：纵断面图绘制；按限制坡度选择最短路线。

难点：场地平整测量。

【学习目标】

知识目标	能力目标
（1）掌握在地形图上确定点的坐标、两点间的水平距离方位角、点的高程和直线坡度的方法； （2）掌握在地形图上量算图形面积的方法； （3）掌握按限制坡度选择最短路线的基本方法； （4）掌握场地平整测量的基本方法	（1）能应用地形图绘制已知方向的断面图； （2）能在地形图上按限制坡度选择最短的线路； （3）能绘制汇水面积线； （4）能应用地形图进行土地平整土方量的计算

【思政目标】

通过学习地形图应用的基本内容，培养学生识图、用图的基本能力；通过学习地形图在工程建设中的应用，使学生认识地形图在社会生产中的应用价值，培养学生分析问题和解决问题的能力以及科学探索精神，激发学生勤于思考、积极探究和解决工程问题的热情。

测绘地形图的根本目的是为了使用地形图，地形图是工程建设的设计、施工和组织管理工作中不可缺少的基本资料，用途十分广泛。正确地阅读和应用地形图，是每个工程技术人员必须具备的基本技能。地形图应用的基本内容包括在地形图上确定点的坐标、高程、直线距离、直线方位角和地面坡度，在图上量算面积、确定填挖土方量等。

12.1　地形图应用的基本内容

12.1.1　确定点的平面直角坐标

1. 在纸质地形图上获得点的平面直角坐标

如图 12-1 所示，若要求图上 A 点的坐标，可通过 A 点做坐标网的平行线 MN、EF，然后再用测图比例尺量取 MA 和 EA 的长度，则 A 点的坐标为

$$\left.\begin{array}{l} x_A = x_O + MA \cdot M \\ y_A = y_O + EA \cdot M \end{array}\right\} \tag{12-1}$$

式中　x_O、y_O——A 点所在方格西南角点的坐标；

MA、EA——图上量取的长度，cm；

M——比例尺分母。

课件浏览　地形图
应用的基本内容

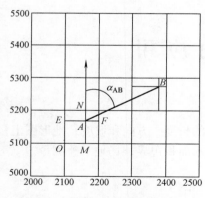

图 12-1 确定点的平面直角坐标

2. 点位的坐标量测

为了提高精度，考虑图纸伸缩的影响，若坐标网的理论长度为 L，则 A 点的坐标应按照下式计算

$$
\left.
\begin{aligned}
x_A &= x_O + \frac{MA}{MN} \times 10 \times M \\
y_A &= y_O + \frac{EA}{EF} \times 10 \times M
\end{aligned}
\right\} \qquad (12-2)
$$

式中　x_O、y_O——A 点所在方格西南角点的坐标；

　　　MA、EA——图上量取的长度，cm；

　　　M——比例尺分母。

3. 在电子地形图上获得点的平面直角坐标

随着计算机在测量中的应用，电子地图应运而生，并且愈来愈普遍的被人们使用。在电子地形图上确定点的平面坐标则不需要做以上计算，直接用鼠标捕捉所求点即可直接在屏幕上显示，很多专业软件也都提供了专门的查询功能，都可以直接从图上获取所需坐标以及其他的信息，且电子地形图不会产生变形，获得的坐标精度较高。

12.1.2　确定两点间的水平距离

1. 图解法

如图 12-1 所示，若要求 A、B 间的水平距离 D_{AB}，可用测图比例尺直接量取 D_{AB}，也可以直接量出 A、B 的图上距离 d，再乘以比例尺分母 M，得

$$
D_{AB} = Md \qquad (12-3)
$$

2. 解析法

如图 12-1 所示，首先根据式（12-2）计算出 A，B 两点的坐标，再用下式计算出 A、B 两点间的距离

$$
D_{AB} = \sqrt{(x_B - x_A)^2 + (y_B - y_A)^2} \qquad (12-4)
$$

一般情况下，解析法精度相对高一点，但图解法更简单，如果在电子地形图上，直接选择某直线便可直接查得其水平距离以及其他的信息，操作简单且能满足精度要求。

12.1.3　确定直线的坐标方位角

1. 图解法

如图 12-1 所示，若要求直线 AB 的方位角，可先通过 A 点作坐标纵线的平行线，再从图上直接量取直线 AB 的方位角。

2. 解析法

精确确定直线 AB 方位角的方法是解析法，量出 A、B 的坐标后，再用坐标反算公式（12-5）求出直线 AB 的方位角

$$
\alpha_{AB} = \arctan \frac{y_B - y_A}{x_B - x_A} \qquad (12-5)
$$

在线测试

注意：由式（12-5）计算出来的是直线的象限角，需要根据直线的坐标增量正确判断直线所在的象限，然后根据同一象限内象限角与方位角的关系将象限角转换为方位角。

12.1.4 确定点的高程

地形图上任一点的地面高程，可根据邻近的等高线及高程注记确定。如图 12-2 所示，
A 点位于高程为 61m 的等高线上，故 A 点高程为 61m。若所求点不在等高线上，如图 12-2 中所示的点，可过 B 点作一条大致垂直并相交于相邻等高线的线段 mn，分别量出 mn 和 mB 的长度 d 和 d_1，则 B 点的高程可按比例内插求得

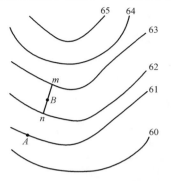

$$H_B = H_m - h_{mB} = H_m - \frac{d_1}{d}h \qquad (12-6)$$

式中　H_m——m 点的高程；

　　　h——基本等高距。

在图 12-2 中，$H_m = 63m$，$h = 1m$。

实际工作中，在图上求某点的高程，通常是用目估确定的。

图 12-2　确定点的高程

12.1.5 确定图上直线的坡度

直线的坡度是直线两端点的高差 h 与水平距离 D 之比，用 i 表示

$$i = \frac{h}{D} = \tan\alpha \qquad (12-7)$$

坡度一般用百分率或千分率表示。式（12-7）中的 α 表示地面上的两点连线相对于水平线的倾角。如果直线两端点间的各等高线平距相近，求得的坡度基本上符合实际坡度；如果直线两端点间的各等高线平距不等，则求得的坡度只是直线端点之间的平均坡度。

若确定某处两等高线间的坡度，则按下式确定

$$i = \frac{h}{dM} \qquad (12-8)$$

式中　h——等高距；

　　　M——比例尺分母；

　　　d——两等高线间的图上距离。

12.2　在图上量算面积

课件浏览　在图上
量算面积

12.2.1 几何图形法

当量算的面积为几何图形时，可用几何图形法进行量算，具体为：将图形分为若干个简单的几何图形，利用分规、比例尺等工具在图上直接量取各几何图形的几何要素，再按相关几何公式计算各简单图形的面积，然后求和，即为所求。常用几何图形有三角形、矩形和梯形。

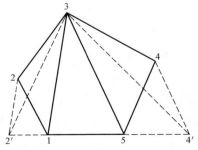

如图 12-3 所示，若要计算多边形 12345 的面积，就可以将其分解成三个三角形，分别求三角形的面积，三个三角形面积的总和即为多边形的面积，然后将图上面积按比例尺换算为实地面积。

还可以根据面积相等的原理，将不规则多边形转化

图 12-3　几何图形法量算面积

为规则的几何形进行计算，如图 12 - 3 所示，三角形 123 与三角形 12′3 面积相等，三角形 345 与三角形 34′5 面积相等，所以，多边形 12345 的面积就转化为求三角形 2′34′ 的面积。

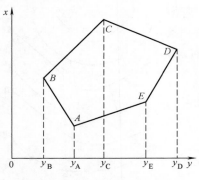

图 12 - 4　坐标计算法量算面积

12.2.2　坐标计算法

当多边形的面积较大，且根据坐标格网容易求得多边形各顶点的平面直角坐标时，常采用坐标计算法量算面积。如图 12 - 4 所示，A、B、C、D、E 为多边形的顶点，过这五个顶点向 y 轴作垂线，组成了一系列梯形。五边形 $ABCDE$ 的面积 S，即为这些梯形面积的代数和。图 12 - 4 中，五边形 $ABCDE$ 的面积 S 为：梯形 $y_B BC y_C$ 的面积 S_1 加上梯形 $CD y_D y_C$ 的面积 S_2，减去梯形 $y_B BA y_A$ 的面积 S_3，$y_A AE y_E$ 的面积 S_4，$y_E ED y_D$ 的面积 S_5。即

$$S = S_1 + S_2 - S_3 - S_4 - S_5$$
$$= \frac{1}{2} \times (x_B + x_C)(y_C - y_B) + \frac{1}{2} \times (x_C + x_D)(y_D - y_C) - \frac{1}{2} \times (x_B + x_A)(y_A - y_B) - \frac{1}{2} \times (x_A + x_E)(y_E - y_A) - \frac{1}{2} \times (x_E + x_D)(y_D - y_E)$$

12.2.3　平行线法

如图 12 - 5 所示，若要计算曲线的面积，在该面积的图形上绘出等间距的平行线，或者把绘有等间距为 h 的平行线透明模片蒙在图形上，则该曲线被近似分成若干梯形，分别计算梯形的面积，即可求得图形的总面积。平行线间距 h 即为梯形的高，在图上量取各梯形的中线 c_i，则每个梯形的面积可用下式计算

在线测试

$$A_i = c_i h \tag{12 - 9}$$

图形的总面积为

$$A = \sum A_i = A_1 + A_2 + \cdots + A_n$$
$$= (c_1 + c_2 + \cdots + c_n)h \tag{12 - 10}$$

实地面积为

$$A_{实} = \sum A_i M^2 = (c_1 + c_2 + \cdots + c_n)hM^2 \tag{12 - 11}$$

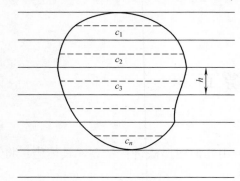

图 12 - 5　平行线法量算面积

该方法简单易行，又能满足一定的精度，适用于图上 10cm² 以内的图形和狭长图形面积的量算。

12.2.4　透明方格纸法

在测定不规则图形的面积时，常采用透明方格纸法。如图 12 - 6 所示，要测出曲线区域的面积，先用一张绘有毫米方格的透明纸覆盖在图形上，固定不动，然后分别数出图内完整的小方格数 n_1 和图形边界处不完整的方格数 n_2，把边界不完整的方格折半计算，求出整个方格总数 $n = n_1 + n_2/2$。每个方格代表的实地面积乘以方格总数即为所求。

为了提高计算的速度，可以先在图形内部统计面积为 1cm² 的方格数，再统计面积为

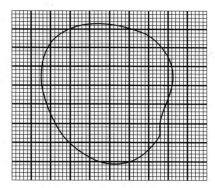

图 12 - 6　方格纸法量算面积

0.25cm² 的方格数，然后再数 1mm² 的方格数。

该方法操作简单，容易掌握，工程应用中常被采用，但速度较慢。方格边长越小，精度越高。

12.3　地形图在工程建设中的应用

课件浏览　地形图在
工程建设中的应用

12.3.1　绘制已知方向的断面图

在进行工程设计（尤其是道路、管线等线路工程设计）时，经常需要了解沿某一方向地形的起伏状况，根据地形进行坡度的设计、方案的选择、工程量的估算等，为此，需要按照设计需要沿已知方向根据地形图绘制断面图。如图 12 - 7 所示，绘制 AB 方向断面图的方法如下：

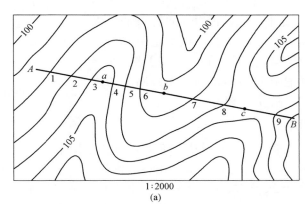

1 : 2000
(a)

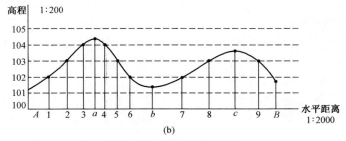

(b)

图 12 - 7　断面图的绘制

（a）地形图上断面位置；（b）AB 方向的断面图

（1）在图纸上绘制直角坐标系。如图 12-7（b）所示，以横轴表示水平距离，以纵轴表示高程。水平距离比例尺一般与地形图比例尺相同，称为水平比例尺。为了明显地表示地面的起伏状况，高程比例尺一般是水平比例尺的 10 倍或 20 倍。在纵轴上注明高程，并按基本等高距作与横轴平行的高程线。高程起始值要选择恰当，使绘出的断面图位置适中。

在线测试

（2）在图 12-7（a）中，断面 AB 方向与等高线有一系列交点 1、2、3、…、n、a、b、c 等点。在图上沿 AB 方向依次量取各交点与 A 点的水平距离，并转绘于图 12-7（b）的横轴上。

（3）从各点作高程的垂线，在垂线上按各点的高程对照纵轴标注的高程确定各点在断面图上的位置。

（4）将各相邻点用平滑曲线连接起来，即为 AB 方向的断面图，经过山脊和山谷的方向变换点的高程，可根据等高线采用高程内插求得，如图 12-7（b）所示。

12.3.2 按限制坡度选择最短路线

在山地或丘陵地区进行道路、管线等工程设计中，常根据需要选择某一限制的线路，本节主要介绍在不超过某限制坡度的情况下选择最短线路的方法。

如图 12-8 所示，该地形图的比例尺为 1∶2000，等高距为 1m，要求从 M 到 N 点选择坡度不超过 5％的最短路线，为此，先根据 5％坡度求出路线通过处的相邻两等高线间的最小平距

$$d = \frac{h}{iM} = \frac{1}{0.05 \times 2000} = 10\text{mm}$$

将分规卡成 d（10mm）长，以 M 为圆心，以 d 为半径作弧与相邻等高线交于 a 点，再以 a 点作圆心，以 d 为半径作弧与相邻等高线交于 b 点，依次定出其他各点，直到 N 点附近，即得坡度不大于 5％的线路。在该地形图上，用同样的方法还可以定出另一条线路上的点 M、a′、b′、c′、…、N，作为比较方案。

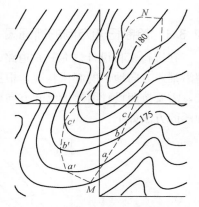

图 12-8 按限制坡度选择最短路线

12.3.3 确定汇水面积

在水库、涵洞、排水管等工程设计中，都需要确定汇水面积。地面上某区域内雨水注入

图 12-9 确定汇水面积

同一山谷或河流，并通过某一断面，这个区域的面积称为汇水面积。确定汇水面积，首先要确定出汇水面积的边界线，即汇水范围。汇水面积的边界线是由一系列山脊线（分水线）连接而成的。如图 12-9 所示，图中的山脊线与坝轴线 MN 所包围的面积，就是水库的汇水面积。

确定了汇水范围后，就可以计算其汇水面积了。然后可根据该地区年平均降水量等资料，确定水库的溢洪道起点高程和水库的淹没面积。在图 12-9 中，若溢洪道起点高程为 286m，则被 286m 等高线所包围的全部面积将被淹没。

12.4 地形图在平整土地中的应用及土石方的估算

课件浏览 地形图在平整土地中的应用及土石方的估算

根据工程需要，经常将施工场地自然地表整理成符合一定高程的水平面或一定坡度的均匀地面，并进行土石方的估算，此项工作称为平整场地。

12.4.1 将地面平整成水平场地

1. 方格网法

方格网法适用于地形起伏不大的方圆地区，一般要求在填土和挖土地土石方基本平衡的条件下平整成水平场地，先求出水平场地的合理的设计高程，再以此高程为基准计算各点的挖、填深度和挖、填方量。如图 12-10 所示，将方格所覆盖的区域平整成水平场地的步骤如下：

（1）在地形图上平整场地的区域内绘制方格网，格网边长根据地形情况和挖、填土石方计算的精确度要求而定，一般为 10m 或 20m。本例方格网为 10m。

（2）计算设计高程。用内插法或目估法求出各方格的顶点的地面高程，并注在相应顶点的右上方。将每一方格的顶点高程取平均值（即每个方格顶点高程之和除以 4），最后将所有方格的平均高程相加，再除以方格总数，即得地面设计高程

$$H_{设} = \frac{1}{n}(H_1 + H_2 + \cdots + H_n) \tag{12-12}$$

式中 n——方格数；

H_n——第 n 方格的平均高程。

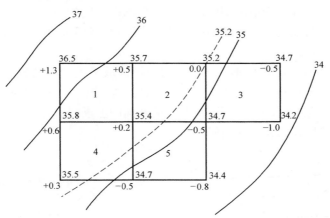

图 12-10 方格网法平整场地

图中设计高程为 35.2m。

（3）绘出填、挖分界线。根据设计高程，在图上用内插法绘出设计高程的等高线，图中虚线，该等高线即为填、挖分界线。

（4）计算各方格顶点的填、挖深度。各方格顶点的地面高程与设计高程之差，即为填、挖高度，并注在相应顶点的左上方。即

$$h = H_{地} - H_{设}$$ (12 - 13)

式中 h——"＋"号表示挖方；"－"号表示填方。

（5）计算填、挖土石方量。从图 12 - 10 中可以看出，有的方格全为挖土，有的方格全为填土，有的方格有填有挖。计算时，填、挖要分开计算。计算如下：

方格 1：全挖方，挖方量为

$$V_{1挖} = [(1.3 + 0.5 + 0.2 + 0.6)/4]S_{1挖} = 0.65S_1 (m^3)$$

方格 2：既有挖方也有填方，可得

$$V_{2挖} = [(0.5 + 0.2 + 0.0 + 0.0)/4]S_{2挖} = 0.175S_{2挖} (m^3)$$

$$V_{2填} = [(0.5 + 0.0 + 0.0)/3]S_{2填} = 0.167S_{2填} (m^3)$$

方格 3：全填方，挖方量为

$$V_{3填} = [(0.5 + 1.0 + 0.5 + 0.0)/4]S_{3填} = 0.5S_{3填} (m^3)$$

方格 4：既有挖方也有填方，可得

$$V_{4挖} = [(0.6 + 0.2 + 0.0 + 0.0 + 0.3)/5]S_{4挖} = 0.22S_{4挖} (m^3)$$

$$V_{4填} = [(0.5 + 0.0 + 0.0)/3]S_{4填} = 0.167S_{4填} (m^3)$$

方格 5：既有挖方也有填方，可得

$$V_{5挖} = [(0.2 + 0.0 + 0.0)/3]S_{5挖} = 0.067S_{5挖} (m^3)$$

$$V_{5填} = [(0.5 + 0.8 + 0.5 + 0.0 + 0.0)/5]S_{5填} = 0.36S_{5填} (m^3)$$

上面计算式中的 $S_{1挖}$、$S_{2挖}$、$S_{2填}$、$S_{3填}$、$S_{4挖}$、$S_{4填}$、$S_{5挖}$、$S_{5填}$ 分别为相应填、挖方面积。将以上挖方量和填方量分别求和，即得总的挖方量和填方量，填、挖方量总和应基本相等。

2. 断面法

在道路和管线建设中，常要计算沿中线至两侧一定范围内现状地形的土石方，此时常采用断面法。该方法是在施工场地范围内，利用地形图以一定的间距绘制断面图，然后求出断面图上由设计高程线与地面高程曲线围成的填挖方面积，计算出相邻断面间的填挖方量，然后求和即为总填挖方量。

图 12 - 11 所示为 1∶1000 的地形图，欲将矩形区域平整成标高为 42.2m 的平面，首先在该区域内绘出一组平行断面（间距为 10～40m），然后按一定的比例绘出相应的断面图，并将设计高程线展绘在断面图上，则可在对应的断面图上求得设计高程线与地面线所包围的填方和挖方面积，然后计算相邻断面间的土方量。

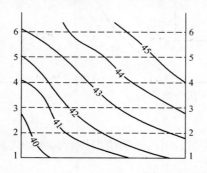
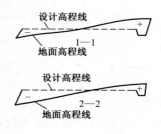

图 12 - 11　断面法平整场地

3. 等高线法

该方法常用于地面起伏较大，且仅计算挖方的情况，如图 12-12 所示，先量出各等高线所包围的面积，相邻两等高线包围的面积平均值乘以等高距，就是两等高线间的体积（即土方量）。首先从设计高程的等高线开始，逐层求出各相邻等高线间的体积，再将其求和即为总方量。图 12-12 所示的等高距为 2m，施工场地的设计高程为 65m，图中虚线即为设计高程的等高线，分别求出 65m、66m、68m、70m、2m 五条等高线所围成的面积 S_{65}、S_{66}、S_{68}、S_{70}、S_{72}，则每一层的体积（土方量）为

$$V_1 = \left[(S_{65} + S_{66})/2\right] \times 1$$
$$V_2 = \left[(S_{65} + S_{68})/2\right] \times 2$$
$$V_3 = \left[(S_{68} + S_{70})/2\right] \times 2$$
$$V_4 = \left[(S_{70} + S_{72})/2\right] \times 2$$
$$V_5 = (S_{72}/3) \times 1.1$$

总土方量为：$V_1 + V_2 + V_3 + V_4 + V_5$。

12.4.2　将地面平整成倾斜场地

如图 12-13 所示，将场地平整成坡度为 i 的倾斜场地，并保证挖填方量基本平衡。可采用方格网法按下述步骤确定挖填分界线和求得挖填方量：

（1）根据场地自然地面情况，绘制方格网，如图 12-13 所示，使纵横方格网分别与主坡倾斜方向平行和垂直。这样，横格线即为倾斜场地水平线，纵格线即为设计坡度线。

（2）根据等高线求出各方格角的地面高程，标注在相应格网点的右上方。

（3）计算地面平均高程，方法同前。图 12-13 中算得地面平均高程为 35.5m，标注在中心水平线下两端。

（4）计算斜平面最高点（坡顶线）和最低点（坡底线）的设计高程

$$H_{顶} = H_{设} + \frac{D}{2}i$$
$$H_{顶} = H_{设} - \frac{D}{2}i$$

式中　D——顶线至底线之间的距离。

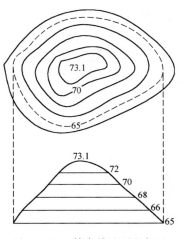

图 12-12　等高线法平整场地

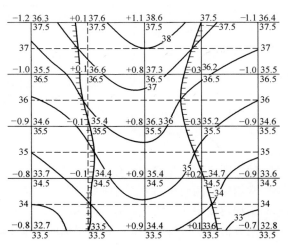

图 12-13　将地面平整成倾斜场地

173

在图 12-13 中，$i=10\%$，$D=40\text{m}$，算得 $H_{顶}=37.5\text{m}$，$H_{底}=33.5\text{m}$，分别注在相应格线下的两端。

在线测试

（5）确定挖填分界线。由设计坡度和顶、底线的设计高度按内插法确定与地面等高线高程相同的斜平面水平线的位置，用虚线绘出这些坡面水平线，它们与地面相应等高线的交点即为挖填分界点，将其依次连接，即为挖填分界线。

（6）根据顶、底线的设计高程按内插法计算出各方格角顶的设计高程，标注在相应角顶的右下方，将原来求出的角顶地面高程减去它的设计高程，即得挖、填高度，标注在相应角顶的左上方。

（7）计算挖填方量。计算方法与平整成水平场地相同。

项 目 小 结

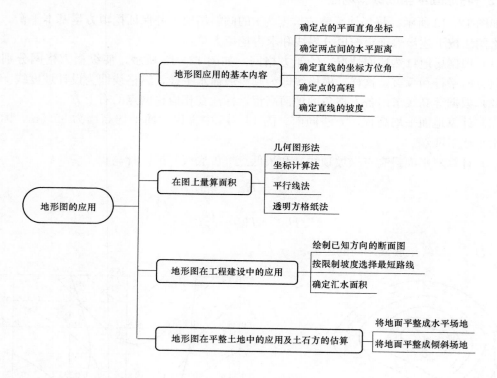

习 题

1. 地形图应用的基本内容有哪些？
2. 常用的量测面积的方法有哪些？各有什么特点？
3. 工程建设中地形图常有哪些应用？
4. 用方格网法将场地平整成设计平面的基本步骤是什么？

5. 在图 12-14 所示的 1:2000 地形图上完成以下计算：

(1) 确定 N_4、N_5 两点的坐标；

(2) 量算直线 N_4N_5 的水平距离和方位角；

(3) 沿 MN 方向绘制断面图；

(4) 确定大兴公路附近的汇水面积。

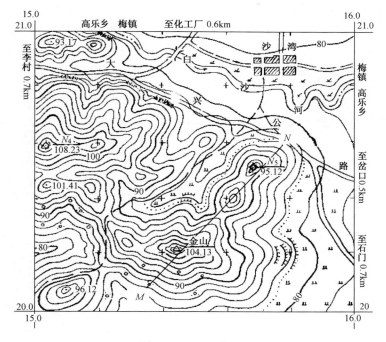

图 12-14 习题 5 图

参 考 文 献

［1］聂让，施锁云，等. 测量学［M］. 北京：中国科学技术出版社，2004.

［2］李玉宝. 控制测量［M］. 北京：中国建筑工业出版社，2003.

［3］王云江，赵西安. 建筑工程测量［M］. 北京：中国建筑工业出版社，2002.

［4］王金玲. 工程测量［M］. 3 版. 武汉：武汉大学出版社，2006.

［5］赵文亮. 地形测量［M］. 郑州：黄河水利出版社，2005.

［6］靳祥升. 测量学［M］. 郑州：黄河水利出版社，2001.

［7］王侬，过静君. 现代普通测量学［M］. 北京：清华大学出版社，2001.

［8］武汉测绘科技大学《测量学》编写组. 测量学［M］. 3 版. 北京：测绘出版社，1993.

测 量 学 基 础
第❸版

实训指导与记录手册

主　编　王金玲

副主编　吕翠华　王玉才

主　审　张养安

班级 _____

学号 _____

姓名 _____

目　　录

测 量 实 训 须 知

　　《测量学基础》课程的理论教学、课间实训教学和综合实习教学是本课程三个重要的学习环节，《实训指导与记录》主要用于课间实训教学，是《测量学基础》教材的辅助资源。通过理实一体化教学，进行测量仪器的操作、观测、记录、计算等实训，理论联系实际，巩固课堂所学的基本知识，培养学生实际动手能力以及分析问题和解决问题的能力，使学生养成认真负责的学习态度和严谨求实的职业品格。

一、实训的目的与要求

　　1. 实训目的

　　（1）初步掌握测量仪器的基本构造、性能和操作方法。

　　（2）正确掌握观测、记录和计算的基本方法，求出正确的测量结果。

　　（3）巩固并加深测量理论知识的学习，使理论和实际密切结合。

　　（4）加强实践技能训练，提高学生动手能力。

　　（5）培养学生严谨认真的科学素养、团结协作的团队意识、吃苦耐劳的坚韧品格。

　　2. 实训要求

　　（1）开始实训前，必须预习实训指导书，了解实训目的、实训要求、所用仪器和工具、实训方法和步骤以及实训注意事项。

　　（2）实训开始前，以小组为单位到仪器室领取实训仪器和工具，并做好仪器使用登记工作。领到仪器后，到指定实训地点集中，待指导教师讲解后，方可开始实训。

　　（3）每次实训，各小组长应根据实训内容，进行适当的人员分工，并注意工作轮换。小组成员之间应该团结协作、密切配合。

　　（4）实训时，必须认真仔细地按照测量程序和测量规范进行观测、记录和计算工作。遵守实训纪律，保证实训任务的完成。

　　（5）爱护测量仪器和工具。实训过程中或实训结束后。如发现仪器或工具有损坏、遗失等情况，应报告指导教师或仪器管理人员，待查明情况后，作出相应的处理。

　　（6）实训完毕，须将实训记录、计算和结果交指导教师审查，待老师同意后方可收拾仪器离开实训地点。

　　（7）实训结束后，要及时还清实训仪器和工具。未经指导教师许可，不得任意将测量仪器转借他人或带回宿舍。

二、测量仪器的借领与使用

　　1. 测量仪器的借领

　　（1）每次实训，学生以小组为单位，由小组长向仪器室借领仪器和工具，借领者应当场检查，并在借领单上签名，经管理人员审核同意后，将仪器拿出仪器室。

　　（2）离开借领地点之前，必须锁好仪器箱并捆扎好各种工具，搬运仪器时，必须轻拿轻放，避免由于剧烈震动而损坏仪器。

（3）借出的仪器、工具，未经指导教师同意，不得与其他小组调换或转借。

（4）实习结束后，各组应清点所用仪器、工具如数交还仪器室。

2. 测量仪器的使用

（1）开箱前应将仪器箱放在平稳处。开箱后，要看清仪器及附件在箱内的安放位置，以便用毕后将各部件稳妥地放回原处。

（2）仪器架设时，保持一手握住仪器，一手去拧连接螺旋，最后旋紧连接螺旋使仪器与三脚架连接牢固。

（3）仪器安置后，不论是否操作，必须有专人看护，防止无关人员摆弄或行人车辆碰撞损坏。

（4）仪器光学部分（包括物镜、目镜、放大镜等）有灰尘或水汽时，严禁用手、手帕或纸张去擦，应报告指导教师，用专用工具处理。

（5）转动仪器时，应先松制动螺旋，再平稳转动。使用微动螺旋时，应先旋紧制动螺旋。制动螺旋应松紧适度，微动螺旋或脚螺旋不要旋到极端。

（6）使用过程中如发现仪器转动失灵，或有异样声音，应立即停止工作，对仪器进行检查，并报告实训室，切不可任意拆卸或自行处理。

（7）勿使仪器淋雨或曝晒。打伞观测时，应防止风吹伞动撞坏仪器。

（8）远距离搬迁仪器时，必须将仪器取下，装回仪器箱中进行搬迁；近距离搬站时，可将仪器制动螺旋松开，收拢三脚架，连同仪器一并夹于腋下，一手托住仪器一手抱住三脚架，并使仪器在脚架上呈微倾斜状态进行搬迁，切不可将仪器扛在肩上搬迁。

（9）实训结束后，仪器装箱应保持原来的放置位置。如果仪器盒子不能盖严，应检查仪器的放置位置是否正确，不可强行关箱。

（10）使用钢尺时，切勿在打卷的情况下拉尺，并防止脚踩、车压。钢尺使用完后，必须擦净、上油，然后卷入盒内。

（11）花杆及水准尺应该保持其刻划清晰，不得用来扛抬物品及乱扔乱放。水准尺放置在地上时，尺面不得靠地。

三、测量的记录与计算

1. 测量记录

（1）测量观测数据须用 2H 或 3H 铅笔记入正式表格，记录观测数据之前，应将表头的仪器型号、日期、天气、测站、观测者及记录者姓名等无一遗漏地填写齐全。

（2）观测者读数后，记录者应随即在测量手簿上的相应栏内填写，并复诵回报以资检核。不得另纸记录事后转抄。

（3）记录时要求字体端正清晰、数位对齐、数字齐全。字体的大小一般占格宽的 1/3～1/2，字脚靠近底线，表示精度或占位的"0"（例如水准尺读数 1.600 或 0.859；度盘读数 92°04′00″中的"0"）均不能省略。

（4）观测数据的尾数不得涂改，读错或记错后，必须重测重记。例如，角度测量时，秒级数字出错，应重测该测站；钢尺量距时，毫米级数字出错，应重测该尺段。

（5）观测数据的前几位（如米、分米、度）出错时，则在错误数字上划细斜线，并保持数据部分的字迹清楚，同时将正确数字记在其上方。注意不得涂擦已记录的数据。禁止连续更改数字。例如，水准测量中的黑、红面读数，角度测量中的盘左、盘右，距离测量中的往、返测等，均不能同时更改，否则要重测。

（6）记录数据修改后或观测成果废去后，都应在备注栏内写明原因（如测错、记错或超限等）。

（7）测量实训，严禁伪造观测记录数据，一经发现，将取消实训成绩并严肃处理。

2．测量计算

（1）每站观测结束后，必须在现场完成规定的计算和校核，确认无误后方可迁站。

（2）测量计算时，数字进位应按照"四舍六入五凑偶"的原则进行。比如对1.3244m，1.3236m，1.3235m，1.324m这几个数据，若取至毫米位，则均应记为1.324m。

（3）测量计算时，数字的取位规定：水准测量视距应取位至1.0m，视距总和取位至0.01km，高差中数取位至0.1mm，高差总和取位于1.0mm，角度测量的秒取位至1.0″。

（4）观测手簿中，对于有正、负意义的量，记录计算时，一定要带上"＋"号或"－"号。即使是"＋"号也不能省略。

（5）简单计算，如平均值、方向值、高差（程）等，应边记录边计算，以便超限时能及时发现问题并立即重测。较为复杂的计算，可在实训完成后及时算出。

（6）计算必须仔细认真，保证无误。

实训一　DS₃型水准仪的认识和使用

一、实训目的

（1）认识 DS₃ 型微倾水准仪的基本构造，熟悉各部件的名称、功能及作用；

（2）初步掌握水准仪的使用方法；

（3）能准确读取水准尺的读数；

（4）测出地面上任意两点间的高差。

二、实训仪器和工具

每组借 DS₃ 型微倾水准仪 1 台套，水准尺 2 根，尺垫 2 个，记录板 1 个，铅笔、计算器。

三、实训任务

（1）熟悉水准仪各部件名称及其作用；

（2）学会整平水准仪的方法；

（3）学会瞄准目标，消除视差及利用望远镜的中丝在水准尺上读数；

（4）学会测定地面两点间的高差。

四、实训组织和学时

每组 4 人，轮流操作，课内 2 学时。

五、实训方法和步骤

1. 安置仪器

在测站上将三脚架张开，按观测者的身高调节三脚架腿的高度，使架头大致水平。对泥土地面，应将三脚架脚尖踩入土中，以防仪器下沉；对水泥地面，要采取防滑措施；对倾斜地面，应将三脚架的一个脚安放在高处，另两只脚安置在低处。

打开仪器箱，记住仪器的摆放位置，以便仪器装箱时按原位放回。将水准仪从仪器箱中取出，用中心连接螺旋将仪器连在三脚架上，中心连接螺旋松紧要适中。

2. 粗略整平

粗略整平简称粗平，就是旋转脚螺旋使圆气泡居中。方法是首先对向转动两只脚螺旋，使圆水准器气泡向中间移动，再转动另一脚螺旋，使气泡移至居中位置。

3. 瞄准水准尺

首先转动仪器，用望远镜上的准星和照门瞄准水准尺，拧紧制动螺旋（手感螺旋有阻力）；然后转动目镜调焦螺旋，使十字丝清晰；再转动物镜调焦螺旋，消除视差，使目标成像清晰。最后转动仪器微动螺旋，使水准尺成像在十字丝交点处。

4. 精平

转动微倾螺旋使符合水准管气泡两端的影像严密吻合（气泡居中），此时视线即处于水平状态。

5. 读数

仪器精平后，立即用十字丝的中丝在水准尺上读数，首先估读出水准尺上毫米数，然后将全部读数读出。一般应读出四位数，即米、分米、厘米及毫米。读完应立即检查仪器是否仍精平，若气泡偏离较大，需重新调平再读数。

6. 测定地面上两点间的高差

（1）在地面上选择 A、B 两个固定点，并在两点上竖立水准尺；

（2）在 A、B 两点间安置水准仪，并使仪器至 A、B 两点的距离大致相等；

（3）瞄准后视尺 A，精平后读取读数 a，记入实训报告中；

（4）松开仪器制动螺旋，瞄准前视尺 B，精平后读取读数 b，记入记录表中；

（5）计算 A、B 两点间的高差 h_{AB}，$h_{AB} = a - b$；

（6）不移动水准尺，改变水准仪的高度（高度变化要大于 10cm），再测两点间的高差，所测高差互差应不大于 5mm。否则应重新测量。

六、注意事项

1. 读数前应消除视差，并使符合气泡严格符合；

2. 微动螺旋和微倾螺旋不要旋到极限，应保持在中间运行；

3. 观测者的身体各部位不得接触脚架；

4. 记录和计算应正确、清晰、工整。实训完成后，将实习记录交指导老师审阅后验收合格后方可将仪器归还到实验室。

附：实训报告一　DS₃型水准仪的认识和使用

实训报告一　DS₃型水准仪的认识和使用

测站	测点	水准尺读数/m		高差/m
		后视读数		
		前视读数		
		后视读数		
		前视读数		
		后视读数		
		前视读数		
		后视读数		
		前视读数		
		后视读数		
		前视读数		
		后视读数		
		前视读数		
		后视读数		
		前视读数		
		后视读数		
		前视读数		

实训二　普通水准测量

一、实训目的

(1) 进一步熟练水准仪的使用步骤和方法；

(2) 掌握普通水准测量的观测、记录、计算和校核的方法；

(3) 熟悉水准路线的布设形式；

(4) 掌握高差闭合差的调整和高程的计算。

二、实训仪器和工具

DS₃ 型水准仪 1 台套，水准尺 2 根，尺垫 2 个，记录板 1 个，铅笔、计算器。

三、实训任务

(1) 每组布设并观测闭合（或附合）水准路线一条；

(2) 观测精度满足要求后，根据观测结果进行水准路线高差闭合差的调整和高程计算。

四、实训组织和学时

每组 4 人，轮流操作，课内 2 学时。

五、实训方法和步骤

(1) 将水准尺立于已知水准点上作为后视，水准仪置于施测路线附近合适的位置，在施测路线的前进方向上取仪器至后视大致相等的距离放置尺垫，竖立水准尺作为前视，注意视距不超过 100m；

(2) 瞄准后尺，精平后用中丝读取后视读数，掉转望远镜，瞄准前尺，精平后用中丝读取前视读数，分别记录、计算；

(3) 迁至下一站，重复上述操作程序，直至全部路线施测完毕；

(4) 根据已知点高程及各测站高差，计算水准路线的高差闭合差，并检查高差闭合差是否超限，其限差公式为：

$$f_{h允} = \pm 40 \sqrt{L}(\text{mm}) \text{ 或 } f_{h允} = \pm 12 \sqrt{n}(\text{mm})$$

式中，L 为水准路线的长度，以 km 为单位；n 为测站数。

(5) 若高差闭合差在容许范围内，则对高差闭合差进行调整，计算各待定点的高程。

六、注意事项

(1) 注意用中丝读数，不要误读为上、下丝读数，读数时要消除视差。

(2) 后视尺垫在水准仪搬动前不得移动，仪器迁站时，前视尺垫不能移动。在已知高程点和待定高程点上不得放尺垫。

(3) 水准尺必须扶直，不得前后左右倾斜。

附：实训报告二　普通水准测量

7

实训报告二 普通水准测量

测站	测点	后视读数/mm	前视读数/mm	高差/m
计算校核	$\sum a - \sum b =$		$\sum h =$	
成果检验	$f_h =$		$f_{h允} =$	

实训三　四等水准测量

一、实训目的

（1）掌握四等水准测量的观测、记录、计算及校核方法；

（2）熟悉四等水准测量的主要技术指标；

（3）掌握水准路线的布设及闭合差的计算。

二、实训仪器和工具

DS₃型水准仪1台套，水准尺1对，尺垫2个，记录板1个，记录板1个，铅笔、计算器。

三、实训任务

用四等水准测量方法观测一闭合或附合水准路线。

四、实训组织和学时

每组4人，轮流操作，课内4学时。

五、实训方法和步骤

（1）选择一条闭合（或附合）水准路线，按下列顺序进行逐站观测：

1）照准后视尺黑面，读取上丝、下丝、中丝读数；

2）照准后视尺红面，读取中丝读数；

3）照准前视尺黑面，读取上丝、下丝、中丝读数；

4）照准前视尺红面，读取中丝读数。

（2）将观测数据记入表中相应栏中，计算和校核要求如下：

1）视线长度不超过100m；

2）前、后视距差不超过±3m，视距累积差不超过±10m；

3）红、黑面读数差不超过±3mm；

4）红、黑面高差之差不超过±5mm；

5）高差闭合差不超过 $\pm 20\sqrt{L}$ mm（平地）或 $f_{h允} = \pm 6\sqrt{n}$ mm（山区），L 为水准路线的长度，以 km 为单位；n 为测站数。

六、注意事项

（1）观测的同时，记录员应及时进行测站计算检核，符合要求方可迁站，否则应重测；

（2）仪器未迁站时，后视尺不得移动；仪器迁站时，前视尺不得移动。

附：实训报告三　四等水准测量

实训报告三　四等水准测量

测站	点号	后尺	上丝	前尺	上丝	方向及尺号	水准尺读数		K+黑-红	高差中数/m
			下丝		下丝		黑面	红面		
		后距/m		前距/m						
		视距差 d/m		累积差 $\sum d$/m						
						后				
						前				
						后-前				
						后				
						前				
						后-前				
						后				
						前				
						后-前				
						后				
						前				
						后-前				
						后				
						前				
						后-前				
						后				
						前				
						后-前				
						后				
						前				
						后-前				

10

测站	点号	后尺	上丝	前尺	上丝	方向及	水准尺读数		K＋黑－红	高差中数 /m
			下丝		下丝	尺号				
		后距/m		前距/m			黑面	红面		
		视距差 d/m		累积差 $\sum d$/m						
						后				
						前				
						后－前				
						后				
						前				
						后－前				
						后				
						前				
						后－前				
						后				
						前				
						后－前				
						后				
						前				
						后－前				
						后				
						前				
						后－前				
						后				
						前				
						后－前				

实训四　三等水准测量

一、实训目的

（1）掌握三等水准测量的观测、记录、计算及校核方法；

（2）熟悉三等水准测量的主要技术指标；

（3）掌握水准路线的布设及闭合差的计算。

二、实训仪器和工具

DS$_3$型水准仪 1 台套，水准尺 1 对，尺垫 2 个，记录板 1 个，记录板 1 个，铅笔、计算器。

三、实训任务

用三等水准测量方法观测一闭合或附合水准路线。

四、实训组织和学时

每组 4 人，轮流操作，课内 4 学时。

五、实训方法和步骤

（1）选择一条闭合（或附合）水准路线，按下列顺序进行逐站观测：

1）照准后视尺黑面，读取上丝、下丝、中丝读数；

2）照准前视尺黑面，读取上丝、下丝、中丝读数；

3）照准前视尺红面，读取中丝读数；

4）照准后视尺红面，读取中丝读数。

（2）将观测数据记入表中相应栏中，计算和校核要求如下：

1）视线长度不超过 75m；

2）前、后视距差不超过±2m，视距累积差不超过±5m；

3）红、黑面读数差不超过±2mm；

4）红、黑面高差之差不超过±3mm；

5）高差闭合差不超过±12$\sqrt{L}$mm（平地）或 $f_{h允} = \pm 4\sqrt{n}$mm（山区）。L 为水准路线的长度，以 km 为单位；n 为测站数。

六、注意事项

（1）观测的同时，记录员应及时进行测站计算检核，符合要求方可迁站，否则应重测；

（2）仪器未迁站时，后视尺不得移动；仪器迁站时，前视尺不得移动。

附：实训报告四　三等水准测量

实训报告四 三等水准测量

测站	点号	后尺	上丝	前尺	上丝	方向及尺号	水准尺读数		$K+$黑－红	高差中数/m
			下丝		下丝					
		后距/m		前距/m			黑面	红面		
		视距差 d/m		累积差 $\sum d$/m						
						后				
						前				
						后－前				
						后				
						前				
						后－前				
						后				
						前				
						后－前				
						后				
						前				
						后－前				
						后				
						前				
						后－前				
						后				
						前				
						后－前				
						后				
						前				
						后－前				

测站	点号	后尺	上丝	前尺	上丝	方向及尺号	水准尺读数		K+黑－红	高差中数/m
			下丝		下丝					
		后距/m		前距/m			黑面	红面		
		视距差 d/m		累积差 $\sum d$/m						
						后				
						前				
						后－前				
						后				
						前				
						后－前				
						后				
						前				
						后－前				
						后				
						前				
						后－前				
						后				
						前				
						后－前				
						后				
						前				
						后－前				
						后				
						前				
						后－前				

实训五　DS₃型水准仪的检验与校正

一、实训目的

(1) 了解水准仪的主要轴线及它们之间应满足的几何关系;

(2) 掌握DS₃型水准仪的检验与校正方法。

二、实训仪器和工具

DS₃型水准仪1台套,水准尺2个,尺垫2个,记录板1个,皮尺1把,铅笔、计算器。

三、实训任务

(1) 水准仪的一般检视;

(2) 圆水准轴平行于仪器竖轴的检验和校正;

(3) 十字丝横丝垂直于仪器竖轴的检验与校正;

(4) 视准轴平行于水准管轴的检验与校正。

四、实训组织和学时

每组4人,轮流操作,课内2学时。

五、实训方法和步骤

1. 水准仪的一般检视

检查三脚架是否稳固,安置仪器后检查制动螺旋、微动螺旋、微倾螺旋、调焦螺旋、脚螺旋转动是否灵活、有效,记录在实训报告中。

2. 圆水准轴平行于仪器竖轴的检验和校正

(1) 检验:转动脚螺旋使圆水准气泡居中,将仪器绕竖轴旋转180°,若气泡仍居中,说明此条件满足,否则需校正。

(2) 校正:用校正针拨动圆水准器下面的三个校正螺丝,使气泡向居中位置移动偏离长度的一半,然后再旋转脚螺旋使气泡居中。拨动三个校正螺丝前,应一松一紧,校正完毕后注意把螺丝紧固。校正必须反复数次,直到仪器转动到任何方向圆气泡都居中为止。

3. 十字丝横丝垂直于仪器竖轴的检验与校正

(1) 检验:水准仪整平后,用十字丝横丝的一端瞄准与仪器等高的一固定点,固定制动螺旋,然后用微动螺旋缓缓地转动望远镜,若该点始终在十字丝横丝上移动,说明此条件满足;若该点偏离横丝表示条件不满足,需要校正。

(2) 校正:旋下靠目镜处的十字丝环外罩,用螺丝刀松开十字丝环的四个固定螺丝,按横丝倾斜的反方向转动十字丝环,使横丝与目标点重合,再进行检验,直到目标点始终在横丝上相对移动为止,最后旋紧十字丝环固定螺丝,盖好护罩。

4. 视准轴平行于水准管轴的检验与校正

(1) 检验在地面上选择相距约80m的A、B两点,分别在两点上放置尺垫,竖立水准尺。将水准仪安置于两点中间,用变动仪器高(或双面尺)法正确测出A、B两点高差,两次高差之差不大于 3mm 时，取其平均值，用 h_{AB} 表示。再在 A 点附近 3～4m 处安置水准仪，读取 A、B 两点的水准尺读数 a_2、b_2，应用公式 $b'_2 = a_2 - h_{AB}$ 求得 B 尺上的水平视线读数。若 $b_2 = b'_2$，则说明水准管轴平行于视准轴，若 $b_2 \neq b'_2$ 应计算 i 角，当 i 角 $> 20''$ 时需要校正。

$$i = \frac{b_2 - b'_2}{D_{AB}} \rho$$

（2）校正：转动微倾螺旋，使横丝对准正确读数 b'_2，这时水准管气泡偏离中央，用校正针拨动水准管一端的上、下两个校正螺丝，使气泡居中。再重复检验校正，直到 $i < 20''$ 为止。

六、注意事项

（1）必须按实训步骤规定的顺序进行检验和校正，不得颠倒。

（2）拨动校正螺丝时，应先松后紧，一松一紧，用力不宜过大；校正结束后，校正螺丝不能松动，应处于稍紧状态。

附：实训报告五　DS_3 水准仪的检验与校正

实训报告五　DS₃水准仪的检验与校正

1. 一般性检验

检验项目	检验结果
三脚架是否牢固	
制动与微动螺旋是否有效	
微倾螺旋是否有效	
调焦螺旋是否有效	
脚螺旋是否有效	
望远镜成像是否清晰	
其他	

2. 圆水准器轴平行于仪器竖轴的检验与校正

检验（旋转仪器180°）次数	气泡偏差数/mm	检验者

3. 十字丝横丝垂直于仪器竖轴的检验与校正

检验次数	误差是否显著	检验者

4. 视准轴平行于水准管轴的检验与校正

仪器在中点求正确高差			仪器在 A 点旁检验校正		
第一次	A 点尺上读数 a_1		第一次	A 点尺子读数 a_2	
	B 点尺上读数 b_1			B 点尺子上应读数 b_2' $b_2'=a_2-h_{AB}$	
	$h_1=a_1-b_1$			B 点尺子实际读数 b_2	
				i 角误差计算：$i=\dfrac{b_2-b_2'}{D_{AB}}\rho=$	
第二次	A 点尺上读数 a_1'		第二次	A 点尺子读数 a_2	
	B 点尺上读数 b_1'			B 点尺子上应读数 b_2' $b_2'=a_2-h_{AB}$	
	$h_2=a_1'-b_1'$			B 点尺子实际读数 b_2	
平均值	$h_{AB}=\dfrac{1}{2}(h_1+h_2)=$			i 角误差计算：$i=\dfrac{b_2-b_2'}{D_{AB}}\rho=$	

实训六 DS₆型经纬仪的认识和使用

一、实训目的

(1) 了解 DJ₆ 型经纬仪的基本构造及各部件的功能；

(2) 掌握经纬仪的对中、整平、照准、读数的方法（要求对中误差不超过 3mm，整平误差不超过 1 格）。

二、实训仪器和工具

DJ₆型经纬仪 1 台套，记录板 1 个，铅笔。

三、实训任务

(1) 熟悉仪器各部件的名称和作用。

(2) 学会经纬仪的对中、整平、瞄准和读数方法。

四、实训组织和学时

每组 4 人，轮流操作，课内 2 学时。

五、实训方法和步骤

1. 经纬仪的安置

(1) 松开三脚架，安置于测站点上，高度适中，架头大致水平。

(2) 打开仪器箱，双手握住仪器支架，将仪器从箱中取出置于三脚架上。一手紧握支架，另一手拧紧连螺旋。

2. 经纬仪的使用

(1) 对中：调整光学对中器的调焦螺旋，看清测站点标志，依次移动三脚架其中的两个脚，使对中器中的十字丝对准测站点，踩紧三脚架，通过调节三脚架高度使圆水准气泡居中。激光对中的方法与光学对中的方法基本相同，不同的是激光对中的经纬仪没有光学对中器，按住仪器上的照明键几秒钟，激光束会打在地面上，在地面上可见红色的激光点，通过搬动仪器使激光点与地面点的标志重合，然后再按照光学对中方法操作即可。

(2) 整平：转动照准部，使水准管平行于任意一对脚螺旋，同时相对旋转这对脚螺旋，使水准管气泡居中；将照准部绕竖轴转动 90°，旋转第三只脚螺旋，使气泡居中。再转动 90°，检查气泡误差，直到小于分划线的一格为止。

(3) 瞄准：用望远镜上的瞄准器瞄准目标，从望远镜中看到目标，旋转望远镜和照准部的制动螺旋，转动目镜调焦螺旋，使十字丝清晰。再转动物镜调焦螺旋，使目标影像清晰，转动望远镜和照准部的微动螺旋，使目标被单丝平分，或将目标夹在双丝中央。

(4) 读数：读取显示屏的读数并记录。

六、注意事项

(1) 仪器从箱中取出前，应看好它的放置位置，以免装箱时不能恢复原位。

(2) 仪器在三脚架上未固连好前，手必须握住仪器，不得松手，以防仪器跌落，摔坏仪器。

（3）仪器入箱后，要及时上锁；提动仪器前检查是否存在事故危险。

（4）仪器制动后不可强行转动，需转动时可用微动螺旋。

附：实训报告六　DJ$_6$型经纬仪的认识和使用

实训报告六 DJ₆型经纬仪的认识和使用

1. 了解经纬仪各部件的名称及功能

部件名称	功　　能
照准部水准管	
照准部制动螺旋	
照准部微动螺旋	
望远镜制动螺旋	
望远镜微动螺旋	
水平度盘变换螺旋	
竖盘指标水准管	
竖盘指标水准管微动螺旋	

2. 读数练习

测站	目标	盘左读数/(° ′ ″)	盘右读数/(° ′ ″)

实训七　测回法水平角测量

一、实训目的

(1) 进一步熟悉经纬仪的使用；

(2) 熟练掌握测回法观测水平角的操作方法；

(3) 熟练掌握测回法观测水平角的记录和计算。

二、实训仪器和工具

DJ$_6$型经纬仪 1 台套，测伞 1 把，记录板 1 个，铅笔（自备）。

三、实训任务

用测回法对某一水平角观测三个测回，上、下半测回的角值之差和测回差均不超过 ±40″。

四、实训组织和学时

每组 4 人，轮流操作，课内 4 学时。

五、实训方法和步骤

1. 安置经纬仪

将仪器安置于测站点上，对中、整平。

2. 度盘配置

要求观测三个测回，测回间度盘变动 180°/n。

3. 一测回观测

盘左：瞄准左目标，配置度盘，读数记 a_1，顺时针方向转动照准部，瞄准右目标，读数记 b_1，计算上半测回角值 $\beta_左 = b_1 - a_1$。

盘右：瞄准右目标，读数记 b_2，逆时针方向转动照准部，瞄准左目标，读数记 a_2，计算下半测回角值 $\beta_右 = b_2 - a_2$。检查上、下半测回角值互差不超过 ±36″，计算一测回角值：

$$\beta_1 = \frac{1}{2}(\beta_左 + \beta_右)$$

4. 计算水平角

测站观测完毕后，检查各测回角值互差不超过 ±24″，计算各测回的平均角值：

$$\beta = \frac{1}{3}(\beta_1 + \beta_2 + \beta_3)$$

六、注意事项

(1) 一测回观测过程中，若水准管气泡偏离值超过一格时，应整平后重测。

(2) 计算水平角值时，是以右边方向的读数减去左边方向的读数。若不够减时，则在右边方向上加 360°。

附：实训报告七　测回法水平角测量

实训报告七　测回法水平角测量

测站	测回	竖盘	目标	水平度盘读数 /(° ′ ″)	半测回角值 /(° ′ ″)	一测回角值 /(° ′ ″)	各测回平均角值 /(° ′ ″)

实训八　全圆测回法水平角测量

一、实训目的

（1）进一步熟悉经纬仪的使用；

（2）熟练掌握全圆测回法观测水平角的操作方法；

（3）熟练掌握全圆测回法观测水平角的记录和计算。

二、实训仪器和工具

DJ₆型经纬仪 1 台套，测伞 1 把，记录板 1 个，铅笔（自备）。

三、实训任务

用全圆测回法在一个测站上观测 4 个方向，要求观测三个测回，要求半测回归零差以及各测回归零后方向值之差均不超过 $\pm 24''$。

四、实训组织和学时

每组 3 人，轮流操作，课内 4 学时。

五、实训方法和步骤

1. 安置经纬仪

将仪器安置于测站点上，对中、整平。

2. 度盘配置

要求观测三个测回，测回间度盘变动 $180°/n$。

3. 一测回观测

（1）在测站点 O 点安置经纬仪，盘左位置，瞄准零方向 A，旋紧水平制动螺旋，转动水平微动螺旋精确瞄准，转动度盘变换器使水平度盘读数略大于 $0°$，再检查望远镜是否精确瞄准，然后读数记录。

（2）顺时针方向旋转照准部，依次照准 B、C、D 点，最后闭合到零方向 A，读数依次序记在手簿中相应栏内。

（3）纵转望远镜，盘右位置精确照准零方向 A，读数记录。

（4）逆时针方向转动照准部，按上半测回的相反次序观测 D、C、B，最后观测至零方向 A，将各方向读数值记录在实训报告中。

4. 计算

（1）半测回归零差的计算：由于半测回中零方向 A 有前、后两次读数，两次读数之差即为半测回归零差。若不超过限差规定，则取平均值作为零方向值。

（2）$2c$ 误差的计算：$2c = L - (R \pm 180°)$，对 J₆ 级经纬仪 $2c$ 误差不作要求，仅作为观测者自检。

（3）各方向平均读数（平均值）的计算：

$$平均读数 = \frac{1}{2}(L + R \pm 180°)$$

（4）归零方向值的计算：归零方向值＝各方向值的平均值－零方向平均值。

（5）各测回归零方向值的平均值的计算：比较同一方向各测回归零后的方向值，若不超过限差规定，将各测回同一方向的归零值取平均值即为各测回归零方向值的平均值。

六、注意事项

（1）在几个目标中选择一个标志清晰、通视好且距离测站点较远的点作为零方向；

（2）一测回观测过程中，若水准管气泡偏离值超过一格时，应整平后重测。

附：实训报告八　全圆测回法水平角测量

实训报告八　全圆测回法水平角测量

测站	测回	目标	度盘读数		2c /(″)	平均读数 /(° ′ ″)	各测回归零方向值 /(° ′ ″)	各测回归零方向值的平均值 /(° ′ ″)
			盘左 /(° ′ ″)	盘右 /(° ′ ″)				
1	2	3	4	5	6	7	8	9

实训九　竖直角测量

一、实训目的

（1）加深对竖直角测量原理的理解；

（2）了解竖直度盘的构造；掌握竖直角计算公式的确定方法；

（3）掌握竖直角的观测、记录和计算方法；

（4）掌握竖盘指标差的计算方法。

二、实训仪器和工具

DJ$_6$ 型经纬仪 1 台套，测伞 1 把，记录板 1 个，铅笔（自备）。

三、实训任务

（1）选择两个不同高度的目标，每人观测竖直角两个测回；

（2）计算竖直角和仪器的竖盘指标差。

四、实训组织和学时

每组 4 人，轮流操作，课内 2 学时。

五、实训方法和步骤

1. 安置经纬仪

将仪器安置于测站点上，对中、整平；转动望远镜，观察竖盘读数的变化规律。

2. 观测

（1）盘左：精确瞄准目标，使竖盘指标水准器气泡居中，读取竖盘读数 L；

（2）盘右：再次精确瞄准目标，使竖盘指标水准器气泡居中，读取竖盘读数 R。

3. 计算竖直角及指标差

竖直角：
$$a = \frac{1}{2}(R - L - 180°)$$

指标差：
$$x = \frac{1}{2}(R + L - 360°)$$

4. 限差要求

（1）各测回竖直角互差不大于 $\pm 24''$。

（2）各测回指标差互差应不大于 $\pm 24''$。

六、注意事项

（1）注意要用十字丝的横丝瞄准目标；

（2）计算竖直角和指标差时，应注意正、负号。

附：实训报告九　竖直角测量

实训报告九　竖直角测量

测站	目标	竖盘	竖盘读数 /(° ′ ″)	半测回竖直角 /(° ′ ″)	指标差 /(″)	一测回竖直角 /(° ′ ″)	各测回平均竖直角 /(° ′ ″)

实训十　经纬仪的检验与校正

一、实训目的

（1）通过实训掌握经纬仪轴线应满足的几何条件，检验这些条件是否满足要求；

（2）初步掌握照准部水准管、视准轴、十字丝和竖盘指标水准管的校正方法。

二、实训仪器和工具

经纬仪1台套，记录板1个，测伞1把，铅笔（自备）。

三、实训任务

（1）照准部水准管轴垂直于仪器竖轴的检验与校正；

（2）十字丝竖丝垂直于横轴的检验与校正；

（3）视准轴垂直于横轴的检验与校正；

（4）竖盘指标差的检验与校正。

四、实训组织和学时

每组4人，共同完成，课内2学时。

五、实训方法和步骤

1. 照准部水准管轴垂直于竖轴的检验和校正

检验：整平仪器后，将照准部旋转180°，若气泡居中，则条件满足；否则，需校正。

校正：用校正针拨动水准管一端的校正螺丝，使气泡退回偏离的一半，再转动脚螺旋，使气泡居中。此项校正需反复进行，直到满足要求为止。记录于表中。

2. 十字丝竖丝垂直于横轴的检验和校正

检验：整平仪器后，用十字丝竖丝一端瞄准一清晰小点，固定照准部制动螺旋和望远镜制动螺旋，转动望远镜微动螺旋使望远镜上下移动，如果小点始终在竖丝上移动，则条件满足，否则应进行校正。

校正：卸下目镜处分划板护盖，用螺丝刀松开四个十字丝环固定螺丝，转动十字丝环，使竖丝处于竖直位置，然后将四个螺丝拧紧，装上护盖。记录于表中。

3. 视准轴垂直于横轴的检验和校正

（1）检验：

1）整平仪器，盘左瞄准一个大致与仪器同高的远处目标 M，读取水平度盘读数 $m_{左}$；盘右瞄准同一点 M，读取水平度盘读数 $m_{右}$。

2）计算视准误差

$$c = \frac{1}{2}\left[m_{右} - (m_{左} \pm 180°)\right]$$

电子经纬仪 $c > \pm 15''$ 时，需校正。

（2）校正：

1）计算出盘右位置的正确读数 $m_{右正} = m_{右} - c$。

2）转动照准部微动螺旋，使水平度盘读数恰为 $m_{右正}$，此时十字丝的竖丝已偏离了目标。

（3）旋下十字丝分划板护盖，略松十字丝分划板上下校正螺丝，用一松一紧的方法拨动左右校正螺丝，使十字丝的竖丝对准目标 M；然后，拧紧上下校正螺丝，旋上十字丝分划板护盖；此项工作需反复进行，直至视准误差 c 不超过 $30''$ 或 $15''$ 为止。记录计算填入表中。

4．竖盘指标差的检验和校正

（1）检验：

1）整平仪器，用盘左和盘右两个位置观测同一高处目标，令竖盘水准管气泡居中，分别读取竖盘读数 L 和 R；

2）竖直角的计算（竖盘顺时针刻划）：$\alpha_{左}=90°-L$，$\alpha_{右}=R-270°$；

指标差的计算：$i=\dfrac{\alpha_{右}-\alpha_{左}}{2}$ 或 $i=\dfrac{L+R-360°}{2}$；

使用电子经纬仪 $i>\pm15''$ 时，则需校正。

（2）校正：

1）按下 ［⊙］键并马上释放，仪器开机并显示初始化信息。

2）按 ［切换］键，蜂鸣器响，约 2s 后释放 ［切换］键，仪器进入指标差设置程序。

3）纵转望远镜使竖盘过零，盘左瞄准一远处目标 P，按住 ［⊙］键，蜂鸣器响，约 2s 后释放。

4）盘右瞄准同一目标 P，按住 ［⊙］键，蜂鸣器响，约 2s 后释放。仪器指标差设置完毕，回到正常测角界面。记录计算填入实训报告中。

六、注意事项

（1）实训步骤不能颠倒；

（2）校正结束后，各校正螺丝应处于稍紧状态。

附：实训报告十　DJ₆经纬仪的检验与校正

实训报告十　DJ₆经纬仪的检验与校正

1. 照准部水准管轴垂直于仪器竖轴的检验与校正

观测类型	气泡偏离格数
检验观测	
校核观测	

2. 十字丝竖丝垂直于横轴的检验与校正

观测类型	十字丝偏离情况
检验观测	
校核观测	

3. 视准轴与横轴垂直的检验、校正

观测类型	竖盘位置	水平度盘读数			盘右时的正确读数			视准误差 /(″)
		°	′	″	°	′	″	
检验观测								
校核观测								

4. 竖盘指标差的检验与校正

观测类型	竖盘位置	竖盘读数			竖直角			指标差 /(″)
		°	′	″	°	′	″	
检验观测								
校核观测								

实训十一　钢尺量距与罗盘仪定向

一、实训目的

（1）掌握钢尺一般量距的基本工作和方法；

（2）能进行钢尺量距的数据计算，并能对外业观测数据进行精度评定；

（3）学会用罗盘仪测定直线的磁方位角。

二、实训仪器和工具

30m 钢尺 1 把，罗盘仪 1 个，标杆 3 根，测钎 5 根，垂球 2 个，小木桩小钉各 2 个，斧头 1 把。

三、实训任务

（1）选择两个相距 70～100m 的 A、B 两点，用钢尺测量 A、B 两点的水平距离；

（2）测定 AB 直线的磁方位角。

四、实训组织和学时

每组 4 人，共同合作，课内 2 学时。

五、实训方法和步骤

（1）在较平坦的地面上选择相距 70～100m 的 A、B 两点打下木桩，桩顶钉上小钉，如在水泥地面上，则画上"×"作为标志。

（2）在 A、B 两点上竖立标杆，据此进行直线定线。

（3）往测时，后尺手持钢尺的零端，前尺手持钢尺盒并携带标杆盒测钎沿 AB 方向前进，行至约一尺段处停下，听后尺手指挥左、右移动标杆，当标杆进入 AB 线内后插入地面，前、后尺手拉紧钢尺，后尺手将零刻划对准 A 点，喊"好"，前尺手在整尺段处插下测钎，即完成第一尺；两人抬尺前进，当后尺手行至测钎处，同法量取第二尺段，并收取测钎，继续前进量取其他整尺段；最后不足一尺段时，前尺手将一整分划对准 B 点，后尺手读出厘米或毫米，两者相减即为余长 q；最后计算 AB 总长 $D_{往}$。

$$D_{往} = n \cdot l + q$$

式中　n——后尺手收起的测钎数（整此段数）；

　　　l——钢尺名义长度；

　　　q——余长。

（4）返测。由 B 向 A 进行返测，返测时重新定线。测量方法同往测。

（5）计算往、返测平均值及相对误差。在平坦地区，相对误差不应超过 1/3000 的精度要求，若达不到要求，必须重测。

$$D_{平} = \frac{1}{2}(D_{往} + D_{返})$$

$$k = \frac{|D_{往} - D_{返}|}{D_{平}} = \frac{1}{N}$$

（6）磁方位角测定：在 A 点安置罗盘仪，对中、整平后，松开磁针固定螺丝放下磁针，用罗盘仪的望远镜瞄准 B 点的标杆，待磁针静止后，读取磁针北端指示的刻度盘读数，即为 AB 直线的磁方位角。同法测量 BA 直线的磁方位角。最后检查两者之差不超过 1°时，并取其平均值作为 AB 直线的磁方位角。

六、注意事项

（1）应熟悉钢尺的零点位置和尺面注记；

（2）量距时，钢尺要拉直、拉平、拉稳；

（3）要注意保护钢尺，防止钢尺打卷、受湿、车压，不得沿地面拖拉钢尺；

（4）测定磁方位角时，要认清磁北端，应避免铁器干扰。

附：实训报告十一　钢尺量距与罗盘仪定向

实训报告十一　钢尺量距与罗盘仪定向

直线编号	测量方向	整尺段长 $n \cdot l$	余长 q	全长 D	往返均值	相对误差 K	磁方位角 /(° ′ ″)	平均磁方位角 /(° ′ ″)
	往							
	返							
	往							
	返							
	往							
	返							
	往							
	返							
	往							
	返							
	往							
	返							

实训十二　视距测量

一、实训目的

学会视距测量的观测、记录和计算。

二、实训仪器和工具

DJ$_6$型经纬仪 1 台套，水准尺 1 根，小钢尺 1 把、记录板 1 个、铅笔、计算器（自备）。

三、实训任务

掌握经纬仪视距测量的观测、记录和计算方法。

四、实训组织和学时

每组 4 人，轮流操作，课内 2 学时。

五、实训方法和步骤

（1）将经纬仪安置于测站点 A 上，对中、整平后用小钢尺量取仪器高 i（精确到 cm）。并假定测站点的高程。在 B 点处竖立水准尺。

（2）以经纬仪的盘左位置进行观测 B 点尺子，读取下丝读数、上丝读数、中丝读数。下丝读数减上丝读数，即得视距间隔 l。然后，将竖盘指标水准管气泡居中，读取竖盘读数，立即算出竖直角 α。

（3）倒镜（盘右）按 2 的步骤重测一次。

（4）计算 A、B 两点间水平距离、高差及待定点高程。计算公式为

$$D = Kl\cos^2\alpha$$
$$h = D\tan\alpha + i - v$$
$$H_B = H_A + h$$

六、注意事项

（1）视距测量观测前应对仪器竖盘指标差进行检验校正，使指标差在 ±60″ 以内；

（2）观测时视距尺应竖直并保持稳定；

（3）仪器高度、中丝读数和高差计算精确到厘米，平距精确到分米。

附：实训报告十二　视距测量

实训报告十二 视距测量

仪器高 $i=$ 测站点高程 $H_A=$

点号	竖盘位置	视距读数		视距间隔 l	中丝读数	竖盘读数 /(° ′ ″)	竖直角 /(° ′ ″)	平距/m	高差/m
		上丝	下丝						
	左								
	右								
	左								
	右								
	左								
	右								
	左								
	右								
	左								
	右								

35

实训十三　图根导线测量

一、实训目的

（1）掌握全站仪的使用方法；

（2）掌握导线的布设方法；

（3）掌握导线测量的外业施测方法和步骤；

（4）掌握导线测量的内业计算。

二、实训仪器和工具

全站仪 1 台套、棱镜 2 个、小木桩若干、小钉若干、记录板 1 个、铅笔、计算器（自备）。

三、实训任务

（1）在指定测区布设一条闭合导线，按照选点原则选点，用木桩小钉作为标志，并统一将点号按逆时针编写；

（2）根据外业观测数据和已知数据（起算数据），计算未知导线点的坐标，并进行精度评定。

四、实训组织和学时

每组 4 人，轮流操作，课内 4 学时。

五、实训方法和步骤

1. 选点

根据测区的地形情况选择一定数量的导线点，选点时应遵循下列原则：

（1）相邻点间要通视，方便于测角和量边；

（2）点位要选在土质坚实的地方，以便于保存点的标志和安置仪器；

（3）导线点应选择在周围地势开阔的地点，以便于测图时充分发挥控制点的作用；

（4）导线边长要大致相等，以使测角的精度均匀；

（5）导线点的数量要足够，密度要均匀，以便控制整个测区。

导线点选定后，用木桩打入地面，桩顶钉一小铁钉，以表示点位。在水泥地面上也可用红漆圈一圆圈，圆内点一小点或画一"十"字作为临时性标志。导线点要统一按逆时针编号，并绘制导线线路草图和点之记。

2. 水平角观测

用测回法观测导线的左角（导线内角）。一般用全站仪观测两个测回，半测回角度之差不得大于 36″，测回差不得大于 24″，并取平均值作为最后角度。

3. 边长测量

导线边长可以用全站仪往返测量，往返盘左盘右各观测 1 次，较差均不得超过 5mm。

4. 导线定向

内定向导线，假设起始边坐标方位角。

5. 内业计算

（1）将导线测量外业数据抄入导线坐标计算表格内，超完必须核对。

（2）计算导线角度闭合差。导线角度闭合差 $f_\beta = \sum \beta_测 - \sum \beta_理 = \sum \beta_测 - (n-2) \times 180°$，对于图根导线，角度闭合差的容许值一般为：$f_{\beta允} = \pm 60'' \sqrt{n}$。

（3）角度闭合差的调整。当角度闭合差 $f_\beta \leqslant f_{\beta允}$ 时，将角度闭合差以相反的符号平均分配给各观测角，即在每个角度观测值上加上一个改正数 v，其数值为 $v = -\dfrac{f_\beta}{n}$。

（4）坐标方位角的计算。角度闭合差调整好后，用改正后的角值从第一条边的已知方位角开始依次推算出其他各边的方位角。其计算式为 $\alpha_前 = \alpha_后 \pm 180° \pm \beta$。

（5）坐标增量的计算。计算出导线各边边长和坐标方位角后可计算各边的坐标增量，公式为：

$$\left.\begin{array}{l} \Delta x = D\cos\alpha \\ \Delta y = D\sin\alpha \end{array}\right\}$$

（6）坐标增量闭合差的计算。闭合导线导线的坐标增量闭合差为：

$$\left.\begin{array}{l} f_x = \sum \Delta x_测 \\ f_y = \sum \Delta y_测 \end{array}\right\}$$

（7）导线全长绝对闭合差 f 及相对闭合差 K 的计算。导线全长绝对闭合差 f 的大小可用下式求得 $f = \sqrt{f_x^2 + f_y^2}$，导线相对闭合差 $K = \dfrac{f}{\sum D} = \dfrac{1}{\sum D / f}$。对于图根导线 k 值应不大于 1/5000。

（8）坐标增量闭合差改正数的计算。各坐标增量改正值 δ_x、δ_y 可按下式计算：

$$\left.\begin{array}{l} \delta_{xi} = -\dfrac{f_x}{\sum D} D_i \\ \delta_{yi} = -\dfrac{f_y}{\sum D} D_i \end{array}\right\}$$

（9）坐标计算。导线点的坐标可按下式依次计算：

$$\left.\begin{array}{l} x_2 = x_1 + \Delta x_{12改} \\ y_2 = y_1 + \Delta y_{12改} \end{array}\right\}$$

六、注意事项

（1）导线按逆时针编号时，左角为导线的内角；导线按顺时针编号时，右角为导线的内角。

（2）导线边长尽量相等，长、短边之比不得大于 3。

（3）闭合导线坐标计算应坚持步步有检核的原则，以保证计算成果的正确性。

附：实训报告十三　导线测量记录表

实训报告十三　导线测量记录表

测站	测回数	竖盘位置	目标	水平盘读数 /(° ′ ″)	半测回角值 /(° ′ ″)	一测回角值 /(° ′ ″)	各测回平均角值 /(° ′ ″)	目标	度盘位置	水平距离 D/m	平均水平距离 D/m
		左							左		
		右							右		
		左							左		
		右							右		
		左							左		
		右							右		
		左							左		
		右							右		

测站	测回数	竖盘位置	目标	水平盘读数 /(° ′ ″)	半测回角值 /(° ′ ″)	一测回角值 /(° ′ ″)	各测回平均角值 /(° ′ ″)	目标	度盘位置	水平距离 D/m	平均水平距离 D/m
		左							左		
		右							右		
		左							左		
		右							右		
		左							左		
		右							右		
		左							左		
		右							右		

测站	测回数	竖盘位置	目标	水平盘读数 /(° ′ ″)	半测回角值 /(° ′ ″)	一测回角值 /(° ′ ″)	各测回平均值 /(° ′ ″)	目标	度盘位置	水平距离 D/m	平均水平距离 D/m
		左							左		
		右							右		
		左							左		
		右							右		
		左							左		
		右							右		
		左							左		
		右							右		

导线坐标计算表

点号	观测角值 /(° ′ ″)	改正值 /(″)	改正后角值 /(° ′ ″)	坐标方位角 /(° ′ ″)	边长 /m	坐标增量/m		改正后坐标增量/m		坐标值/m	
						ΔX	ΔY	ΔX	ΔY	X	Y
Σ											

41

点号	观测角值 /(° ′ ″)	改正值 /(″)	改正后角值 /(° ′ ″)	坐标方位角 /(° ′ ″)	边长 /m	坐标增量/m		改正后坐标增量/m		坐标值/m	
						ΔX	ΔY	ΔX	ΔY	X	Y

辅助计算	$\Sigma\beta_{测}=$ $f_x=$ $f_D=$	$f_\beta=$ $f_y=$ $K=$	$f_{\beta允}=$ $K_{允}=$
导线草图			

实训十四　碎部测量

一、实训目的

(1) 掌握选择地形点的要领；

(2) 掌握碎部测量跑点方法；

(3) 掌握一个测站上的测绘工作。

二、实训仪器和工具

全站仪 1 台套、棱镜 1 个、小平板 1 块、绘图纸 1 张、量角器 1 个、小针 1 根、记录板 1 个、铅笔、计算器（自备）。

三、实训任务

(1) 在一个测站点上施测周围的地物和地貌，采用边测边绘的方法进行；

(2) 根据地物特征点勾绘地物轮廓线，根据地貌特征点用目估法按 1m 等高距勾绘等高线。

四、实训组织和学时

每组 4 人，轮流操作，课内 2 学时。

五、实训方法和步骤

(1) 在测站上安置全站仪，对中、整平、定向（选择起始零方向，使水平度盘置零）。量取仪器高，假定测站点高程。

(2) 图板安置在测站点附近，在图纸上定出测站点位置，画上起始方向线，将小针钉在测站点上，并套上量角器使之可绕小针自由转动。

(3) 跑尺员按地形地貌有计划地跑点。

(4) 观测员读取平距和水平度盘的读数。

(5) 绘图员根据水平角读数和平距将立尺点展绘到图纸上，并在点位右侧注记高程，然后按实际地形勾绘等高线和按地物形状连接各地物点。

六、注意事项

(1) 测定碎部点只用竖盘盘左位置；

(2) 观测员报出水平角后，绘图员随即将零方向线对准量角器上水平角读数，待报出平距和高程后，马上展绘出该碎部点；

(3) 每测 30 个碎部点要检查零方向，此工作称为归零，归零差不得超过 $\pm 5''$。

附：实训报告十四　碎部测量

实训报告十四 碎部测量

测站点高程 $H_A=$ 仪器高 $i=$ 后视点

点号	水平角 /（° ′）	水平距离 /m	高程 /m